大学数学系列教材

高等数学

（上册）

主　编　许曰才　吕亚男　李淑英　郭秀荣
副主编　马芳芳　郭文静　王鲁新　孟文生

清华大学出版社
北京交通大学出版社
·北京·

内容简介

本套书分为上、下两册，共10章．上册内容包括函数、极限与连续、导数与微分、导数的应用、不定积分、定积分及其应用．

本套书编写侧重于介绍高等数学的基本内容、方法和应用，适当减少相关内容的推导和证明．本套书可作为高等职业院校高等数学课程的教材或教学参考书，也可作为成人高等教育的教材，以及工程技术人员的参考资料．

图书在版编目（CIP）数据

高等数学．上册／许曰才等主编．—北京：北京交通大学出版社：清华大学出版社，2020.1

ISBN 978-7-5121-4117-9

Ⅰ．①高…　Ⅱ．①许…　Ⅲ．①高等数学-高等职业教育-教材　Ⅳ．①O13

中国版本图书馆CIP数据核字（2019）第280844号

高等数学（上册）

GAODENG SHUXUE（SHANG CE）

责任编辑：严慧明

出版发行：清 华 大 学 出 版 社　邮编：100084　电话：010-62776969　http://www.tup.com.cn

　　　　　北京交通大学出版社　邮编：100044　电话：010-51686414　http://www.bjtup.com.cn

印 刷 者：北京时代华都印刷有限公司

经　　销：全国新华书店

开　　本：185 mm×260 mm　　印张：9.5　　字数：237千字

版　　次：2020年1月第1版　　2020年1月第1次印刷

书　　号：ISBN 978-7-5121-4117-9／O·180

定　　价：28.00元

本书如有质量问题，请向北京交通大学出版社质监组反映．对您的意见和批评，我们表示欢迎和感谢．

投诉电话：010-51686043，51686008；传真：010-62225406；E-mail：press@bjtu.edu.cn.

前　言

本套书由山东科技大学基础课部数学教研室结合高等职业教育及成人高等教育的实际需求，参考近年来国内外出版的多本同类教材编写而成．本套书的主要特点如下．

（1）难度适中，易于理解．为了更好地适应高职和成人学生对高等数学知识的需求，以及兼顾他们对高等数学知识的接受能力，本套书以“适用”为原则进行编写，尽量避免提及难度较大的理论知识，在定理的证明、例题的求解过程中加入了大量详细的思路分析过程，注重数形结合，力求做到通俗易懂．

（2）体系完整，重点突出．本套书在注重数学逻辑体系完整的前提下，突出重点，注重数学思想、方法、观点的传授，旨在培养学生的逻辑思维能力，提高学生分析问题、解决问题的能力．

（3）习题丰富，题型多样．为了便于读者复习巩固所学知识，及时检查学习效果，查缺补漏，本套书各章节配有习题，书末附有习题答案．每册均配有期末考试模拟题，并给出详尽的解答，以方便读者使用．

由于编者水平有限，本套书难免存有不妥之处，恳请读者批评指正．

编　者

2019 年 7 月

目　　录

第 1 章　函数、极限与连续

1.1　函数及其性质

1.1.1　集合

1. 集合的概念

人们在研究事物时，有时需要把事物按照某些性质分类，由此产生了数学上的集合的概念．所谓集合，就是指具有某种特定性质的事物的总体，组成这个集合的事物称为集合的元素．例如，某大学图书馆内的所有藏书构成一个集合，某班里的所有学生构成一个集合，全体实数构成一个集合，所有正整数构成一个集合等．

集合通常用大写字母 A，B，C，…表示，用小写字母 a，b，c，…表示集合的元素．如果 a 是集合 A 的元素，就说 a 属于 A，记作 $a \in A$；如果 a 不是集合 A 的元素，就说 a 不属于 A，记作 $a \notin A$．一个集合，若它只含有限个元素，则称为有限集；不是有限集的集合称为无限集．

集合的表示方法通常有以下两种．

一种是列举法，就是把集合的全体元素一一列举出来．例如，由元素 1，2，3，4，5 组成的集合 A，可以表示成

$$A=\{1,\ 2,\ 3,\ 4,\ 5\}$$

另一种是描述法，若集合 M 是由具有某种性质 P 的元素 x 的全体组成的，可以表示成

$$M=\{x \mid x \text{ 具有性质 } P\}$$

例如，集合 B 是方程 $x^2-2x=0$ 的解集，可以表示成

$$B=\{x \mid x^2-2x=0\}$$

习惯上，全体非负整数即自然数的集合记作 $\mathbf{N}$，即

$$\mathbf{N}=\{0,\ 1,\ 2,\ \cdots,\ n,\ \cdots\}$$

全体正整数的集合记作 $\mathbf{N}^*$，即

$$\mathbf{N}^* = \{1, 2, \cdots, n, \cdots\}$$

全体整数的集合记作 **Z**，即

$$\mathbf{Z} = \{\cdots, -n, \cdots, -2, -1, 0, 1, 2, \cdots, n, \cdots\}$$

全体有理数的集合记作 **Q**，全体实数的集合记作 **R**，$\mathbf{R}^*$ 为排除数 0 的实数集，$\mathbf{R}_+$ 为全体正实数的集合.

设 A，B 是两个集合，如果集合 A 的元素都是集合 B 的元素，则称 A 是集合 B 的子集，记作 $A \subseteq B$（读作 A 包含于 B）或 $B \supseteq A$（读作 B 包含 A）. 如 $\mathbf{N} \subseteq \mathbf{Z}$，$\mathbf{Z} \subseteq \mathbf{Q}$，$\mathbf{Q} \subseteq \mathbf{R}$ 等.

如果集合 A 与集合 B 互为子集，即 $B \subseteq A$ 且 $A \subseteq B$，则称集合 A 与 B 相等，记作 $A=B$. 例如，设 $A=\{1, 5\}$，$B=\{x \mid x^2-6x+5=0\}$，则 $A=B$.

特别地，不含任何元素的集合称为空集，记作$\varnothing$. 规定空集是任何集合的子集，即 $\varnothing \subseteq A$. 例如，$\{x \mid x \in \mathbf{R}, x^2+1=0\}$是空集.

下面介绍集合的运算.

并集 设 A，B 是两个集合，由属于 A 或者属于 B 的元素组成的集合称为 A 与 B 的并集，记作 $A \cup B$，即

$$A \cup B = \{x \mid x \in A \text{或} x \in B\}$$

交集 由属于 A 且属于 B 的元素组成的集合称为 A 与 B 的交集，记作 $A \cap B$，即

$$A \cap B = \{x \mid x \in A \text{且} x \in B\}$$

差集 由所有属于 A 而不属于 B 的元素组成的集合称为 A 与 B 的差集，记作 $A-B$,即

$$A-B = \{x \mid x \in A \text{ 且 } x \notin B\}$$

有时，研究某个问题须限定在一个集合 I 中进行，所研究的其他集合 A 都是 I 的子集. 此时，称集合 I 为全集.

补集（或余集） 设集合 I 为全集，称 $I-A$ 为 A 的补集（或余集），记作 $\complement_I A$.

例如，在实数集 **R** 中，集合 $A=\{x \mid x \leqslant -3 \text{ 或 } x>1\}$的补集就是

$$\complement_I A = \{x \mid -3 < x \leqslant 1\}$$

设 A，B，C 是任意三个集合，则有下列集合的运算法则.

(1) **交换律**：$A \cup B = B \cup A$，$A \cap B = B \cap A$.

(2) **结合律**：$(A \cup B) \cup C = A \cup (B \cup C)$，

$(A \cap B) \cap C = A \cap (B \cap C)$.

(3) **分配律**：$(A \cup B) \cap C = (A \cap C) \cup (B \cap C)$，

$$(A\cap B)\cup C=(A\cup C)\cap(B\cup C).$$

（4）**对偶律**：$\complement_I(A\cup B)=\complement_I A\cap\complement_I B$，

$$\complement_I(A\cap B)=\complement_I A\cup\complement_I B.$$

2. 区间和邻域

区间是由实数组成的一类集合，在高等数学中常用. 设 a 和 b 都是实数且 $a<b$，则称实数集 $\{x|a<x<b\}$ 为开区间，记作 (a, b)，即

$$(a, b)=\{x|a<x<b\} \tag{1-1}$$

类似地，闭区间和半开半闭区间的定义和记号为

闭区间

$$[a, b]=\{x|a\leqslant x\leqslant b\} \tag{1-2}$$

半开半闭区间

$$[a, b)=\{x|a\leqslant x<b\} \tag{1-3}$$

$$(a, b]=\{x|a<x\leqslant b\} \tag{1-4}$$

以上这些区间都称为有限区间，a 和 b 称为区间的端点，数 $b-a$ 称为区间的长度.

此外还有所谓无限区间. 引进记号“$+\infty$”（读作正无穷大）及“$-\infty$”（读作负无穷大），它的定义与记号举例如下：

$$[a, +\infty)=\{x|x\geqslant a\};\qquad (a, +\infty)=\{x|x>a\};$$

$$(-\infty, b]=\{x|x\leqslant b\};\qquad (-\infty, b)=\{x|x<b\}.$$

无限区间在数轴上对应长度为无限且只可向一端无限延伸的直线.

以后会看到有些定理的成立与区间的开、闭有很大关系，因此在学习时要多加注意. 但有些情形不需要区分上述各种情形，简单地称为“区间”即可，且常用 I 表示.

邻域也是高等数学中经常用到的集合，它可以看作是一类特殊的开区间.

实数集 $\{x\,\|\,x-a|<\delta\}=(a-\delta, a+\delta)$，它在数轴上表示以点 a 为中心、以 δ 为半径的开区间，这一点集称为点 a 的 δ 邻域，记作 $U(a, \delta)$，即

$$U(a, \delta)=\{x|a-\delta<x<a+\delta\}$$

其中称点 a 为这邻域的中心，称 δ 为这邻域的半径，如图 1-1 所示.

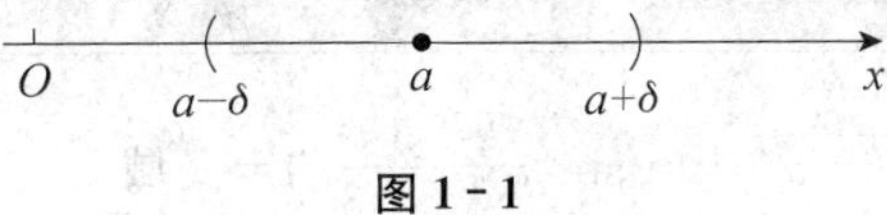

图 1-1

因为绝对值 $|x-a|$ 表示点 x 与点 a 之间的距离，所以 $U(a, \delta)$ 表示与点 a 距离小于 δ 的一切点 x 的全体.

有时需要把邻域的中心 a 去掉，点 a 的 δ 邻域去中心 a 后，称为点 a 的去心 δ 邻域，如图 1-2 所示，记作 $\mathring{U}(a, \delta)$，即

$$\mathring{U}(a, \delta)=\{x \mid 0<|x-a|<\delta\}$$

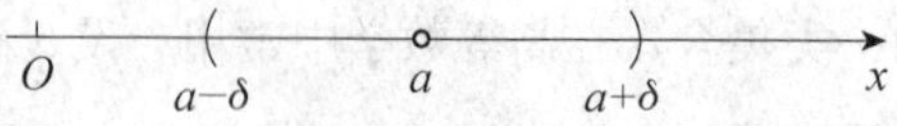

图 1-2

为了方便，有时把开区间（$a-\delta$，a）称为点 a 的左 δ 邻域，把开区间（a，$a+\delta$）称为点 a 的右 δ 邻域.

1.1.2　函数的概念

在自然现象或社会现象中，往往同时存在几个不断变化的量，这些变量不是孤立的，而是相互联系并遵循一定的规律．函数就是描述这种联系的一个法则．比如，对于一个运动着的物体，它的速度和位移都是随时间的变化而变化的，它们之间的关系就是一种函数关系.

定义 1.1　设 x，y 是两个变量，X 是给定的一个数集，若对任意确定的 $x\in X$，根据某一对应法则 f，变量 y 都有唯一确定的值与之对应，则称 y 是 x 的函数．记作

$$y=f(x),\ x\in X$$

其中称 X 为该函数的定义域，称 x 为自变量，称 y 为因变量.

对于确定的 $x_0\in X$，函数 y 有唯一确定的值 y_0 与之对应，则称 y_0 为 $y=f(x)$ 在 x_0 处的函数值，记作 $y_0=y\,|_{x=x_0}=f(x_0)$．函数值的集合称为函数的值域，常记作 Y，即

$$Y=\{y \mid y=f(x),\ x\in X\}$$

注意：通常把函数的定义域、对应法则称为函数的两个要素，而把函数的值域称为派生要素．因此，如果两个函数相等，则两函数的定义域和对应法则必须相同，而与自变量、因变量及对应法则用什么字母表示无关．例如：$y=x$ 与 $y=\sqrt{x^2}$ 不是同一个函数，而 $y=x$ 与 $s=t$ 是同一个函数.

例 1　求函数 $y=\sqrt{16-x^2}+\ln\sin x+\dfrac{1}{x-3}$ 的定义域.

解　要使函数 y 有定义，当且仅当

$$\begin{cases}16-x^2\geqslant 0\\ \sin x>0\\ x-3\neq 0\end{cases}$$

即

$$\begin{cases}-4\leqslant x\leqslant 4\\ 2k\pi<x<(2k+1)\pi \quad k=0,\pm 1,\cdots\\ x\neq 3\end{cases}$$

上述不等式的公共解为

$$-4\leqslant x<-\pi,\ 0<x<3 \text{ 与 } 3<x<\pi.$$

所以函数的定义域为 $[-4,\ -\pi)\cup(0,\ 3)\cup(3,\ \pi)$.

1.1.3　函数的表示法

函数作为表述客观问题的数学模型，为了更好地研究它们需要采取适当的方法将它们表示出来，常用的函数表示法有三种：图像法、表格法、公式法.

1. 图像法

在坐标系中用图形来表示函数关系的方法，称为图像法.

例如，气象台用自动记录仪把一天的气温变化情况自动描绘在记录纸上，如图 1-3 所示，根据这条曲线，就能知道一天内任何时刻的气温了.

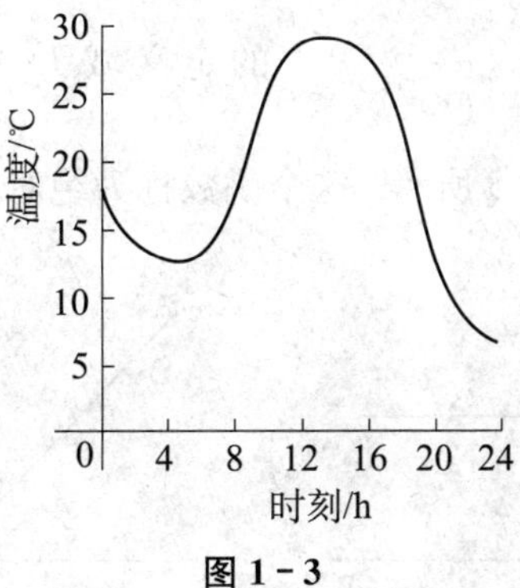

图 1-3

2. 表格法

将自变量的值与对应的函数值列成表的方法，称为表格法，如平方表、三角函数表等都是用表格法表示的函数关系.

例如，某班第一小组学生第一次金工实习时每天生产产品总数和合格品数统计如表 1-1 所示.

表 1-1　某班第一小组学生第一次金工实习时每天生产产品总数和合格品数统计表

时间	第 1 天	第 2 天	第 3 天	第 4 天	第 5 天	第 6 天	第 7 天	第 8 天
产品总数/件	23	27	30	36	43	54	61	70
合格品数/件	16	20	24	30	38	48	57	67
时间	第 9 天	第 10 天	第 11 天	第 12 天	第 13 天	第 14 天	第 15 天	第 16 天
产品总数/件	72	76	79	81	82	81	83	83
合格品数/件	70	75	78	79	81	81	82	81

从表 1-1 中可以很直观地看到学生每天的产量和合格品数.

3. 公式法

将自变量和因变量之间的关系用数学式子表示的方法，称为公式法，这些数学式子也叫解析表达式. 根据函数解析表达式的类型，函数可分为**显函数**、**隐函数**和**分段函数**.

（1）**显函数**：函数 y 由 x 的解析表达式直接表示出来. 例如，$y=x^2-1$.

（2）**隐函数**：函数的自变量 x 和因变量 y 的对应关系由方程 $F(x, y)=0$ 来确定. 例如，$y-\sin(x+y)=0$.

（3）**分段函数**：函数在其定义域的不同范围内具有不同的解析表达式.

例如，函数 $y=\pi$ 的定义域 $D=(-\infty, +\infty)$，值域 $R_f=\{\pi\}$，它的图像是一条平行于 x 轴的直线，如图 1-4 所示.

又比如，函数 $y=|x|=\begin{cases} x & x\geqslant 0 \\ -x & x<0 \end{cases}$ 的定义域 $D=(-\infty, +\infty)$，值域 $R_f=[0, +\infty)$，它的图像如图 1-5 所示. 这个函数称为绝对函数，$x=0$ 为分界点.

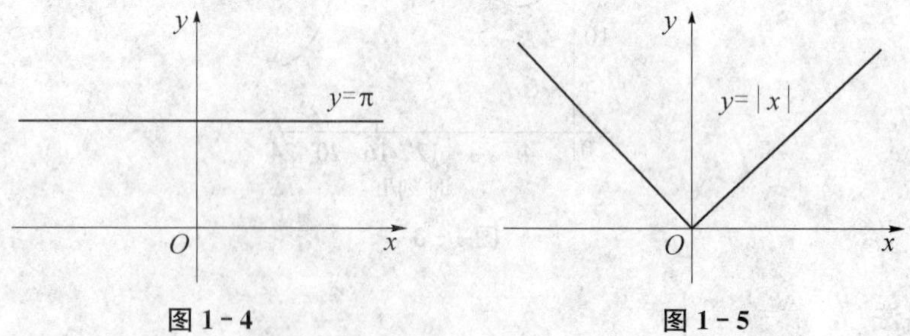

图 1-4　　图 1-5

例 2　称下面的函数为符号函数，用记号 sgn 来表示函数关系

$$y=\operatorname{sgn} x=\begin{cases} 1 & x>0 \\ 0 & x=0 \\ -1 & x<0 \end{cases}$$

它的定义域 $D=(-\infty, +\infty)$，值域 $R_f=\{-1, 0, 1\}$，它的图像如图1-6所示. 对于任何实数 x，下列关系成立：$x=\operatorname{sgn}x\cdot|x|$，这里 $x=0$ 为分界点.

例3 设 x 为任一实数，不超过 x 的最大整数称为 x 的整数部分，记作 $[x]$. 例如，$\left[\frac{2}{3}\right]=0$，$[\pi]=3$，$[-e]=-3$，$[-5]=-5$. 把 x 看作自变量，则函数 $y=[x]$ 的定义域 $D=(-\infty, +\infty)$，值域 $R_f=\mathbf{Z}$. 它的图像如图1-7所示，该图像称为阶梯曲线，这里 $x=0$，±1，±2，…为分界点.

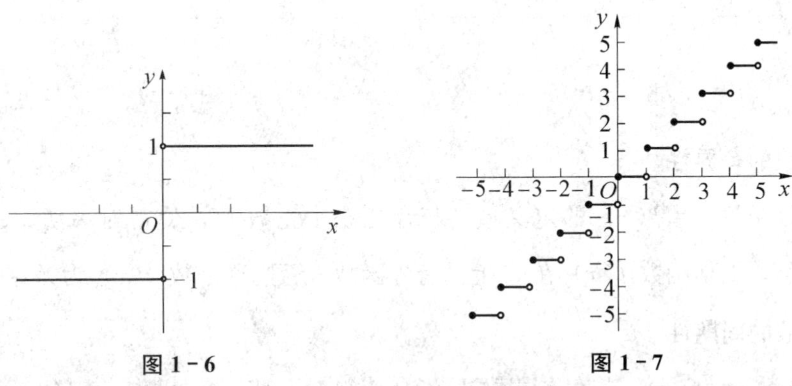

图1-6　　图1-7

1.1.4　函数的几种特性

1. 函数的奇偶性

设函数 $y=f(x)$ 的定义域 X 关于原点对称，且对任意 $x\in X$ 均有 $f(-x)=f(x)$，则称函数 $f(x)$ 为偶函数；若对任意 $x\in X$ 均有 $f(-x)=-f(x)$，则称函数 $f(x)$ 为奇函数. 偶函数的图像关于 y 轴对称，如图1-8所示；奇函数的图像关于原点对称，如图1-9所示.

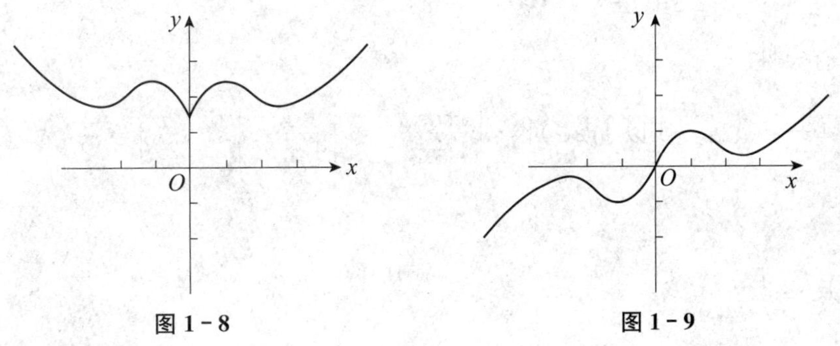

图1-8　　图1-9

2. 函数的单调性

若函数 $y=f(x)$ 对区间 (a, b) 内的任意两点 x_1，x_2，当 $x_2>x_1$ 时，若有 $f(x_2)>f(x_1)$，则称此函数在区间 (a, b) 内单调增加；若有 $f(x_2)<f(x_1)$，则称此函数在区

间（a，b）内单调减少. 单调增加函数与单调减少函数统称为单调函数.

单调增加函数的图像是沿 x 轴正向逐渐上升的，如图 1-10 所示；单调减少函数的图像是沿 x 轴正向逐渐下降的，如图 1-11 所示.

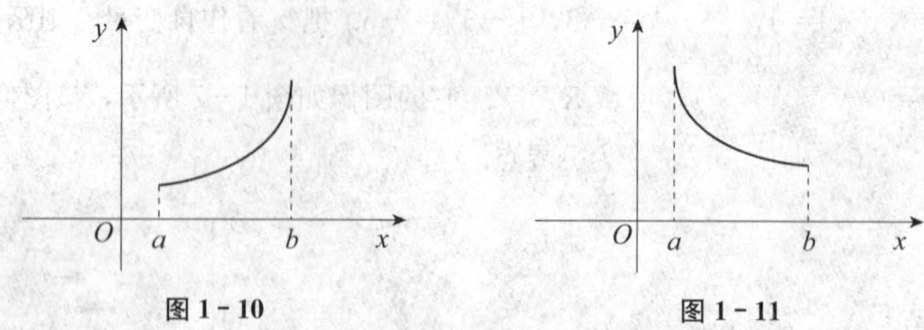

图 1-10　　**图 1-11**

3. 函数的有界性

设 D 是函数 $y=f(x)$ 的定义域，若存在一个正数 M，使得对一切 $x\in D$，都有 $|f(x)|\leqslant M$，则称函数 $f(x)$ 在 D 上是有界函数，否则称函数 $f(x)$ 为无界函数.

4. 函数的周期性

对于函数 $y=f(x)$，若存在常数 $T\neq 0$，使得对一切 $x\in D$，皆有 $f(x)=f(x+T)$ 成立，则称函数 $f(x)$ 为周期函数. 大家熟悉的三角函数就是周期函数，函数 $y=\sin x$，$y=\cos x$ 的周期都是 2π，则 $y=\sin \omega x$，$y=\cos \omega x$ 的周期是 $\dfrac{2\pi}{|\omega|}$.

例 4　判断函数 $f(x)=\dfrac{x\cos x}{1+x^2}$ 的奇偶性与有界性.

解　(1) 奇偶性.

因为 $f(-x)=\dfrac{-x\cos(-x)}{1+(-x)^2}=\dfrac{-x\cos x}{1+x^2}=-f(x)$，故 $f(x)$ 为奇函数.

(2) 有界性.

因为 $1+x^2\geqslant 2x$，所以 $|f(x)|=\left|\dfrac{x\cos x}{1+x^2}\right|\leqslant\left|\dfrac{x}{1+x^2}\right|\leqslant\left|\dfrac{x}{2x}\right|=\dfrac{1}{2}$，故 $f(x)$ 为有界函数.

1.1.5　反函数

定义 1.2　已知函数 $y=f(x)$，如果把 y 看作自变量，x 看作因变量，由关系式 $y=f(x)$ 所确定的函数 $x=\varphi(y)$ 称为函数 $y=f(x)$ 的反函数，而 $y=f(x)$ 称为直接函数.

注意：(1) 由于习惯用 x 表示自变量而用 y 表示函数，因此常常将 $y=f(x)$ 的反函数 $x=\varphi(y)$ 改写成 $y=\varphi(x)$，记作 $y=f^{-1}(x)$. $y=f(x)$ 与 $y=f^{-1}(x)$ 互为反函数.

(2) 互为反函数的两函数 $y=f(x)$ 与 $y=f^{-1}(x)$ 的图像是关于直线 $y=x$ 对称的.

反函数的求法：由方程 $y=f(x)$ 解出 x，得到 $x=f^{-1}(y)$；将函数 $x=f^{-1}(y)$ 中的 x 和 y 分别换成 y 和 x，这样得到反函数 $y=f^{-1}(x)$.（注意：要标出反函数的定义域.）

例 5　设函数 $y=2x-3$，求它的反函数，并画出函数图像.

解　从函数 $y=2x-3$ 直接解出 x，得反函数

$$x=\frac{1}{2}(y+3)$$

把 x，y 互换，得函数 $y=2x-3$ 的反函数（如图 1-12 所示）为

$$y=\frac{1}{2}(x+3),\ x\in\mathbf{R}$$

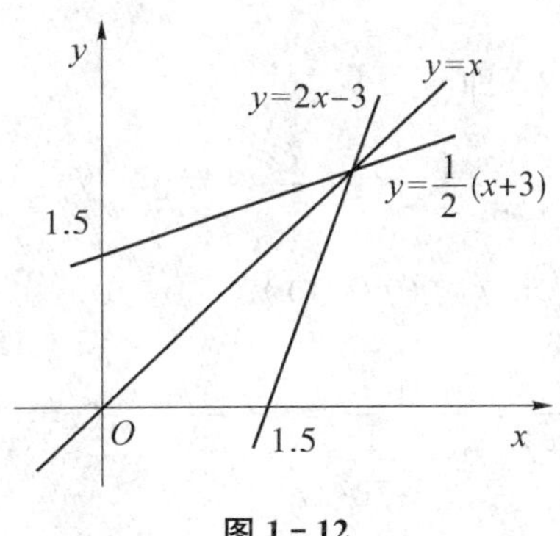

图 1-12

1.1.6　基本初等函数

(1) **常数函数**：$y=C$（C 是任意实数）；

(2) **幂函数**：$y=x^{\mu}$（μ 是任意实数）；

(3) **指数函数**：$y=a^{x}$（$a>0$，$a\neq1$，a 为常数）；

(4) **对数函数**：$y=\log_a x$（$a>0$，$a\neq1$，a 为常数，当 $a=\mathrm{e}$ 时记为 $y=\ln x$）；

(5) **三角函数**：$y=\sin x$，$y=\cos x$，$y=\tan x$，$y=\cot x$，$y=\sec x$，$y=\csc x$；

(6) **反三角函数**：$y=\arcsin x$，$y=\arccos x$，$y=\arctan x$，$y=\operatorname{arccot} x$.

以上六种函数统称为基本初等函数.

1.1.7 复合函数

定义 1.3 如果 y 是 u 的函数 $y=f(u)$，u 是 x 的函数 $u=\varphi(x)$，当 x 在某一区间上取值时，相应的 u 值使 y 有意义，则称 y 是 x 的复合函数，记作 $y=f(u)=f[\varphi(x)]$，其中 x 是自变量，u 是中间变量. 有的复合函数是多重复合，有多个中间变量.

例 6 分析函数 $y=\ln\sin e^{x+1}$ 是由哪些函数复合而成的.

解 函数 $y=\ln\sin e^{x+1}$ 是由 $y=\ln u$，$u=\sin v$，$v=e^w$，$w=x+1$ 复合而成的.

例 7 设 $y=f(u)=\sin u$，$u=\varphi(x)=x^2+1$，求 $f[\varphi(x)]$.

解 $f[\varphi(x)]=\sin\varphi(x)=\sin(x^2+1)$.

例 8 已知函数

$$f\left(x+\frac{1}{x}\right)=x^2+\frac{1}{x^2}$$

求 $f(x)$.

解 由 $f\left(x+\frac{1}{x}\right)=x^2+\frac{1}{x^2}=x^2+2x\cdot\frac{1}{x}+\frac{1}{x^2}-2=\left(x+\frac{1}{x}\right)^2-2$.

令 $t=x+\frac{1}{x}$，则 $f(t)=t^2-2$，即

$$f(x)=x^2-2$$

例 9 设 $f(x)=\frac{1}{1-x}$，求 $f(f(f(x)))$.

解 $f(f(x))=\frac{1}{1-f(x)}=\frac{1}{1-\frac{1}{1-x}}=1-\frac{1}{x}\qquad(x\neq 0,\ 1)$

所以 $f(f(f(x)))=\frac{1}{1-f(f(x))}=\frac{1}{1-\left(1-\frac{1}{x}\right)}=x\qquad(x\neq 0,\ 1)$

定义 1.4 由基本初等函数及常数经过有限次四则运算或复合所得到的能用一个解析式子表示的函数都是初等函数.

例如，函数 $y=\sqrt{\frac{1+x}{1-x}}$，$y=\arcsin e^{\frac{x}{2}}$，$y=\lg\sin x$ 等都是初等函数.

习题 1.1

1. 设 $A=(-\infty,\ -3)\cup(3,\ +\infty)$，$B=[-5,\ 1)$，写出 $A\cup B$，$A\cap B$，$A-B$ 的表达式.

2. 求下列函数的自然定义域.

(1) $y=\sin\sqrt{x}$；　(2) $y=\frac{1}{x}-\sqrt{1-x}$；　(3) $y=\frac{1}{\sqrt{4-x^2}}-e^{\frac{1}{x}}$；

(4) $y=\tan(x+1)$；　(5) $y=\arcsin(x-3)$；　(6) $y=\sqrt{3-x}+\arctan\frac{1}{x}$.

3. 下列各题中，函数 $f(x)$ 和 $g(x)$ 是否为同一个函数？为什么？

(1) $f(x)=\lg x^2$，$g(x)=2\lg x$；　(2) $f(x)=|x|$，$g(x)=\sqrt{x^2}$；

(3) $f(x)=\sqrt[3]{x^4-x^3}$，$g(x)=x\sqrt[3]{x-1}$；　(4) $f(x)=1$，$g(x)=\sec^2 x-\tan^2 x$.

4. 设

$$\varphi(x)=\begin{cases} e^x & |x|<1 \\ 0 & |x|=1 \\ x-1 & |x|>1 \end{cases}$$

求 $\varphi(-2)$，$\varphi(2)$，$\varphi(-0.5)$，$\varphi(0)$，$\varphi(1)$，并作出函数 $y=\varphi(x)$ 的图像.

5. 试讨论下列函数在指定区间内的单调性.

(1) $y=(x-1)^2$，$(-\infty, +\infty)$；

(2) $y=x+\ln x$，$(0, +\infty)$.

6. 设下面所考虑的函数都是定义在区间 $(-l, +l)$ 上的，证明：

(1) 两个偶函数的和也是偶函数，两个奇函数的和也是奇函数；

(2) 两个偶函数的乘积是偶函数，两个奇函数的乘积是奇函数.

7. 下列函数中哪些是偶函数，哪些是奇函数，哪些既非偶函数又非奇函数？

(1) $y=x^4(1-x^2)$；　(2) $y=3x^2-x$；　(3) $y=\lg(x+\sqrt{x^2+1})$；

(4) $y=(x-1)(x+1)$；　(5) $y=\sin x+x\cos 3x$；　(6) $y=\frac{a^x+a^{-x}}{2}$.

8. 下列各函数中哪些是周期函数？对于周期函数，指出其周期.

(1) $y=\left|\sin\frac{x}{2}\right|$；　(2) $y=2x\cos x$；

(3) $y=\cos^2 x$；　(4) $y=\cot\left(x+\frac{\pi}{4}\right)$.

9. 求下列函数的反函数.

(1) $y=\frac{1-x}{1+x}$；　(2) $y=\sqrt[3]{x-1}$；

(3) $y=2\cos 3x$；　(4) $y=1+\ln(x-2)$.

10. 指出下列函数是由哪些函数复合而成的.

(1) $y=\ln(x+\sqrt{x^2-1})$；　(2) $y=2\sin(2x+1)$；

(3) $y=\ln^2\cos(3x-1)$；　(4) $y=e^{\frac{x+1}{x-1}}$.

11. 设 $f(x)=x^2$，$g(x)=2^x$，求 $f(g(x))$，$g(f(x))$.

1.2 函数的极限及运算法则

本节将给出函数极限的定义. 根据自变量的变化情况，可将函数极限分为两种情况进行讨论.

1.2.1 函数极限

1. $x\to\infty$时的函数极限

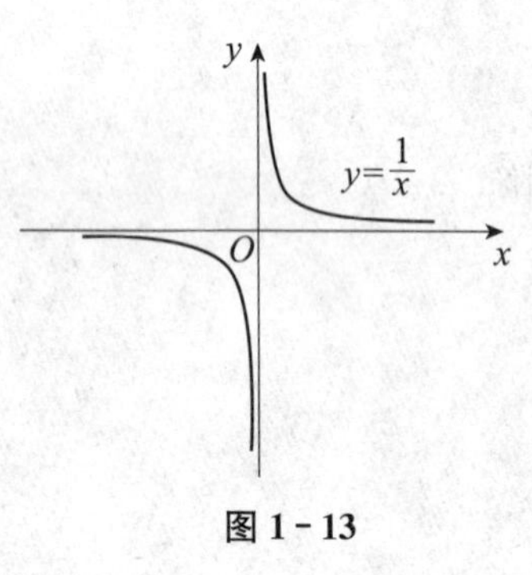

图 1-13

x趋向于∞表示$|x|$无限增大. 当$x>0$且无限增大时，记作$x\to+\infty$；当$x<0$且$|x|$无限增大时，记作$x\to-\infty$.

考察函数$y=\dfrac{1}{x}$图像，如图 1-13 所示.

可以看到，当$|x|$无限增大时，$\dfrac{1}{x}$无限接近于 0，即函数图像无限接近于直线$y=0$. 称$x\to\infty$时$y=\dfrac{1}{x}$有极限.

定义 1.5 设函数$y=f(x)$在$(-\infty,+\infty)$内有定义，若当$x\to\infty$时，函数$f(x)$无限接近于某个常数a，那么称常数a为$x\to\infty$时函数$f(x)$的极限，常记作

$$\lim_{x\to\infty}f(x)=a \qquad 或 \qquad 当x\to\infty时，f(x)\to a.$$

当自变量$x>0$且无限增大时，函数$f(x)$的极限为a，记作$\lim\limits_{x\to+\infty}f(x)=a$；当自变量$x<0$而$|x|$无限增大时，函数$f(x)$的极限为$a$，记作$\lim\limits_{x\to-\infty}f(x)=a$.

2. $x\to x_0$时的函数极限

先考察如下函数的变化趋势：

(1) $y=2x+1\ (x\to1)$； (2) $y=\dfrac{x^2-4}{x-2}\ (x\to2)$.

通过观察图像容易发现：在 (1) 中，当自变量x从常数 1 的左右两边无限接近 1 时，因变量y的值也无限接近另一常数 3，如图 1-14 所示；在 (2) 中，当自变量x从常数 2 的左右两边无限接近 2 时，因变量y的值也无限接近另一常数 4，如图 1-15 所示.

定义 1.6 设函数$y=f(x)$在x_0的去心邻域内有定义，若当自变量x无限接近于x_0时，函数$f(x)$无限接近于某个常数a，那么称常数a为$x\to x_0$时函数$f(x)$的极

限，记作

$$\lim_{x\to x_0} f(x)=a \quad 或 \quad 当 x\to x_0 时，f(x)\to a.$$

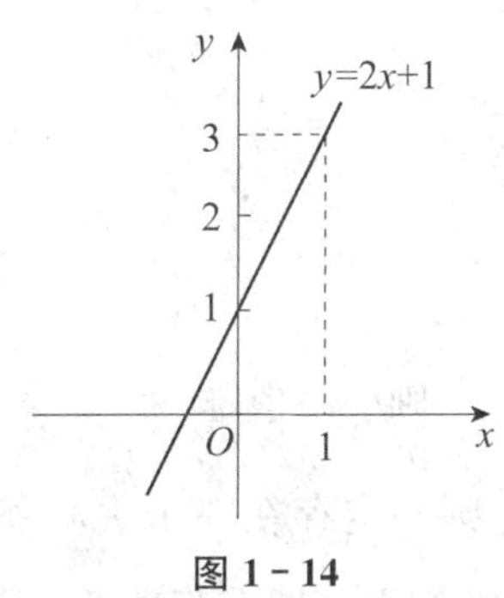

图 1-14

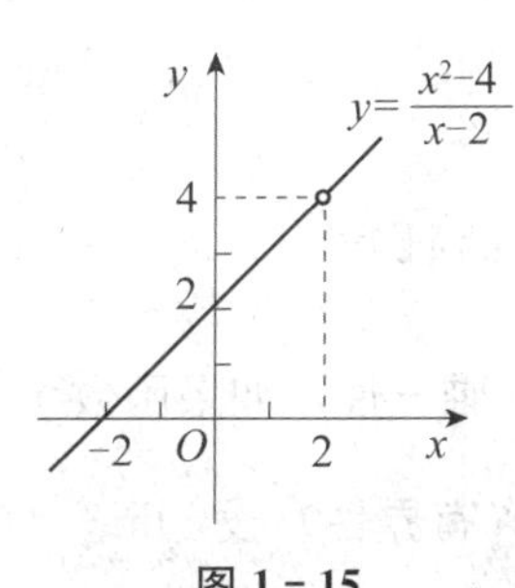

图 1-15

注意：(1) $x\to x_0$ 的方式是可以任意的，既可以从 x_0 的左边也可以从 x_0 的右边或同时从两边趋近于 x_0.

(2) 当 $x\to x_0$ 时，函数 $f(x)$ 在点 x_0 处是否有极限与其在点 x_0 处是否有定义无关.

定义 1.7　如果自变量 x 仅从 x_0 的左（右）侧趋近于 x_0 时，函数 $f(x)$ 无限接近于 a，则称 a 为函数 $f(x)$ 当 x 趋近于 x_0 时的左（右）极限，分别记作

左极限　$\lim\limits_{x\to x_0^-} f(x)=A$　或　$f(x)\to A$（当 $x\to x_0^-$）　或　$f(x_0-0)=A$

右极限　$\lim\limits_{x\to x_0^+} f(x)=A$　或　$f(x)\to A$（当 $x\to x_0^+$）　或　$f(x_0+0)=A$

定理 1.1　函数 $f(x)$ 在点 x_0 处的极限存在的充分必要条件是 $f(x)$ 在点 x_0 处的左、右极限都存在且相等，即

$$\lim_{x\to x_0} f(x)=A \Leftrightarrow \lim_{x\to x_0^-} f(x)=\lim_{x\to x_0^+} f(x)=A$$

注意：极限 $\lim\limits_{x\to x_0^-} f(x)$ 和 $\lim\limits_{x\to x_0^+} f(x)$ 中只要有一个不存在，或虽然二者都存在但不相等，则极限 $\lim\limits_{x\to x_0} f(x)$ 不存在.

1.2.2　极限的运算法则

假定在同一自变量的变化过程中，函数极限 $\lim f(x)$ 与 $\lim g(x)$ 都存在，则函数极限的运算有如下法则.

法则 1　$\lim[f(x)\pm g(x)]=\lim f(x)\pm\lim g(x)$

法则 2 $\lim[f(x)\cdot g(x)]=\lim f(x)\cdot\lim g(x)$

推论 1 $\lim[C\cdot f(x)]=C\cdot\lim f(x)$

推论 2 $\lim[f(x)]^n=[\lim f(x)]^n$

法则 3 若 $\lim g(x)\neq 0$，则 $\lim\frac{f(x)}{g(x)}=\frac{\lim f(x)}{\lim g(x)}$.

1.2.3 极限的性质

定理 1.2（唯一性） 如果函数 $f(x)$ 的极限存在，则极限值唯一.

定理 1.3（有界性） 设 $\lim\limits_{x\to a(或\infty)}f(x)=A$ 存在，则一定存在一个去心邻域 $\mathring{U}(a,\delta)$（或正数 M），使 $f(x)$ 在该邻域内（或 $|x|>M$ 时）有界，即有正数 S，使 $|f(x)|<S$ 在该邻域内（或 $|x|\geqslant M$ 时）恒成立.

定理 1.4（保号性）（1）如果 $\lim\limits_{x\to a}f(x)=L$，且 $L>0$（或 $L<0$），则存在点 a 的一个去心邻域 $\mathring{U}(a,\delta)$，使得当 $x\in\mathring{U}(a,\delta)$ 时，恒有 $f(x)>0$（或 $f(x)<0$）.

（2）如果 $\lim\limits_{x\to\infty}f(x)=L$，且 $L>0$（或 $L<0$），则存在 $M>0$ 使得当 $|x|>M$ 时，恒有 $f(x)>0$（或 $f(x)<0$）成立.

（3）如果 $\lim f(x)=A$，$f(x)\geqslant 0$（或 $f(x)\leqslant 0$），则 $A\geqslant 0$（或 $A\leqslant 0$）.

（4）若 $f(x)\geqslant g(x)$，$\lim f(x)=A$，$\lim g(x)=B$，则 $A\geqslant B$.

例 1 求 $\lim\limits_{x\to 1}(2x^2-x+1)$.

解 $\lim\limits_{x\to 1}(2x^2-x+1)=\lim\limits_{x\to 1}2x^2-\lim\limits_{x\to 1}x+\lim\limits_{x\to 1}1=2\times 1-1+1=2$

例 2 求 $\lim\limits_{x\to 2}\frac{x^2-1}{x^3-5x+1}$.

解 这里分母的极限不为零，故利用商的极限运算法则得

$$\lim_{x\to 2}\frac{x^2-1}{x^3-5x+1}=\frac{\lim\limits_{x\to 2}(x^2-1)}{\lim\limits_{x\to 2}(x^3-5x+1)}$$

$$=\frac{\lim\limits_{x\to 2}x^2-\lim\limits_{x\to 2}1}{\lim\limits_{x\to 2}x^3-5\lim\limits_{x\to 2}x+\lim\limits_{x\to 2}1}=\frac{(\lim\limits_{x\to 2}x)^2-1}{(\lim\limits_{x\to 2}x)^3-5\times 2+1}$$

$$=\frac{2^2-1}{2^3-10+1}=\frac{3}{-1}=-3$$

从上面例子可看出，求有理整函数（多项式）或有理分式函数（分母不为零）当 $x\to x_0$ 的极限时，只要把 x_0 代替函数中的 x 就行了.

事实上，设有理整函数

$$f(x)=a_0x^n+a_1x^{n-1}+\cdots+a_n$$

则 $\lim\limits_{x\to x_0} f(x)=\lim\limits_{x\to x_0}(a_0x^n+a_1x^{n-1}+\cdots+a_n)$

$=a_0\,(\lim\limits_{x\to x_0}x)^n+a_1\,(\lim\limits_{x\to x_0}x)^{n-1}+\cdots+\lim\limits_{x\to x_0}a_n$

$=a_0x_0^n+a_1x_0^{n-1}+\cdots+a_n=f(x_0)$

又设有理分式函数（有理整函数与有理分式函数统称为有理函数）

$$F(x)=\frac{P(x)}{Q(x)}$$

其中 $P(x)$，$Q(x)$ 都是多项式，于是

$$\lim_{x\to x_0}P(x)=P(x_0),\lim_{x\to x_0}Q(x)=Q(x_0).$$

如果 $Q(x_0)\neq 0$，则

$$\lim_{x\to x_0}F(x)=\lim_{x\to x_0}\frac{P(x)}{Q(x)}=\frac{\lim\limits_{x\to x_0}P(x)}{\lim\limits_{x\to x_0}Q(x)}=\frac{P(x_0)}{Q(x_0)}=F(x_0)$$

但必须注意：对于分母等于零的有理分式函数，这样代入后有理分式函数没有意义，那么此时商的函数极限运算法则就不能应用，这种情况需要特别考虑. 下面我们讨论属于这种情形的例题.

例 3　求 $\lim\limits_{x\to 2}\dfrac{x-2}{x^2-4}$.

解　当 $x\to 2$ 时，分子及分母的极限都是零，于是分子、分母不能分别求极限. 因分子及分母有公因子 $x-2$，而 $x\to 2$ 时，$x\neq 2$，$x-2\neq 0$，可约去这个不为零的公因子. 所以有

$$\lim_{x\to 2}\frac{x-2}{x^2-4}=\lim_{x\to 2}\frac{1}{x+2}=\frac{\lim\limits_{x\to 2}1}{\lim\limits_{x\to 2}(x+2)}=\frac{1}{4}$$

例 4　求 $\lim\limits_{x\to 1}\dfrac{2x-3}{x^2-5x+4}$.

解　因　$\lim\limits_{x\to 1}\dfrac{x^2-5x+4}{2x-3}=\dfrac{1^2-5\times 1+4}{2\times 1-3}=0$

故　$\lim\limits_{x\to 1}\dfrac{2x-3}{x^2-5x+4}=\infty$

下面再举一些自变量 $x\to\infty$ 的极限情形.

例 5　求 $\lim\limits_{x\to\infty}\dfrac{3x^3+4x^2+2}{7x^3+5x^2-3}$.

解　先用 x^3 去除分母及分子（x^3 是分子、分母中的最高次幂），然后取极限，得

$$\lim_{x\to\infty}\frac{3x^3+4x^2+2}{7x^3+5x^2-3}=\lim_{x\to\infty}\frac{3+\dfrac{4}{x}+\dfrac{2}{x^3}}{7+\dfrac{5}{x}-\dfrac{3}{x^3}}=\frac{3}{7}$$

这是因为$\lim\limits_{x\to\infty}\frac{a}{x^n}=a\lim\limits_{x\to\infty}\frac{1}{x^n}=a\left(\lim\limits_{x\to\infty}\frac{1}{x}\right)^n=0$（其中 a 为常数，n 为正整数，$\lim\limits_{x\to\infty}\frac{1}{x}=0$）.

例 6 求$\lim\limits_{x\to\infty}\frac{3x^2-4x-1}{x^3+x^2+5}$.

解 先用 x^3 去除分母及分子（x^3 是分子、分母中的最高次幂），然后取极限，得

$$\lim_{x\to\infty}\frac{3x^2-4x-1}{x^3+x^2+5}=\lim_{x\to\infty}\frac{\frac{3}{x}-\frac{4}{x^2}-\frac{1}{x^3}}{1+\frac{1}{x}+\frac{5}{x^3}}=\frac{0}{1}=0$$

例 7 求$\lim\limits_{x\to\infty}\frac{x^3+x^2+5}{3x^2-4x-1}$.

解 由例 6 可知：$\lim\limits_{x\to\infty}\frac{3x^2-4x-1}{x^3+x^2+5}=0$，所以$\lim\limits_{x\to\infty}\frac{x^3+x^2+5}{3x^2-4x-1}=\infty$.

结论：当 $a_0\neq0$，$b_0\neq0$，m 和 n 为非负整数时，有

$$\lim_{x\to\infty}\frac{a_0x^m+a_1x^{m-1}+\cdots+a_m}{b_0x^n+b_1x^{n-1}+\cdots+b_n}=\begin{cases}0 & m<n\\ \frac{a_0}{b_0} & m=n\\ \infty & m>n\end{cases}$$

习题 1.2

1. 计算下列极限.

(1) $\lim\limits_{x\to\sqrt{3}}\frac{x^4+3}{x^2+1}$;

(2) $\lim\limits_{x\to1}\frac{x^2-2x+1}{x^2-1}$;

(3) $\lim\limits_{x\to4}\frac{x^2-6x+8}{x^2-5x+4}$;

(4) $\lim\limits_{x\to1}\left(\frac{1}{1-x}-\frac{1}{1-x^3}\right)$;

(5) $\lim\limits_{x\to\infty}\left(1-\frac{2}{x}+\frac{1}{x^2}\right)$;

(6) $\lim\limits_{x\to\infty}\frac{x^2-1}{3x^2-3x+1}$;

(7) $\lim\limits_{x\to\infty}\frac{x^2+x}{x^3-3x^2+1}$;

(8) $\lim\limits_{x\to1}\frac{\sqrt{x}-1}{\sqrt[3]{x}-1}$.

2. 计算下列极限.

(1) $\lim\limits_{x\to\infty}\frac{x^3+2x^2-100}{(x-2)^2}$;

(2) $\lim\limits_{x\to\infty}(2x^3-x+1)$.

1.3 两个重要极限

下面介绍两个重要极限.

重要极限 1　$\lim\limits_{x\to 0}\dfrac{\sin x}{x}=1$

重要极限 2　$\lim\limits_{x\to \infty}\left(1+\dfrac{1}{x}\right)^{x}=\mathrm{e}$

推论　$\lim\limits_{g(x)\to \infty}\left(1+\dfrac{1}{g(x)}\right)^{g(x)}=\mathrm{e}$

例 1　求$\lim\limits_{x\to 0}\dfrac{\tan x}{x}$.

解　$\lim\limits_{x\to 0}\dfrac{\tan x}{x}=\lim\limits_{x\to 0}\dfrac{\sin x}{x}\cdot\dfrac{1}{\cos x}=\lim\limits_{x\to 0}\dfrac{\sin x}{x}\cdot\lim\limits_{x\to 0}\dfrac{1}{\cos x}=1$

例 2　求$\lim\limits_{x\to 0}\dfrac{1-\cos x}{x^2}$.

解　$\lim\limits_{x\to 0}\dfrac{1-\cos x}{x^2}=\lim\limits_{x\to 0}\dfrac{2\sin^2\dfrac{x}{2}}{x^2}=\dfrac{1}{2}\lim\limits_{x\to 0}\dfrac{\sin^2\dfrac{x}{2}}{\left(\dfrac{x}{2}\right)^2}$

$$=\frac{1}{2}\lim_{x\to 0}\left(\frac{\sin\dfrac{x}{2}}{\dfrac{x}{2}}\right)^2=\frac{1}{2}\times 1^2=\frac{1}{2}$$

例 3　求$\lim\limits_{x\to 0}\dfrac{\arctan x}{x}$.

解　令$t=\arctan x$，则$x=\tan t$．当$x\to 0$时，有$t\to 0$．于是由复合函数的极限运算法则得

$$\lim_{x\to 0}\frac{\arctan x}{x}=\lim_{t\to 0}\frac{t}{\tan t}=\frac{1}{\lim\limits_{t\to 0}\dfrac{\tan t}{t}}=1$$

例 4　求$\lim\limits_{x\to \infty}\left(1-\dfrac{1}{x}\right)^{x}$.

解　$\lim\limits_{x\to \infty}\left(1-\dfrac{1}{x}\right)^{x}=\lim\limits_{x\to \infty}\left[1+\left(-\dfrac{1}{x}\right)\right]^{x}=\left\{\lim\limits_{x\to \infty}\left[1+\left(-\dfrac{1}{x}\right)\right]^{-x}\right\}^{-1}=\mathrm{e}^{-1}$

例 5　求$\lim\limits_{x\to \infty}\left(\dfrac{x+2}{x+1}\right)^{3x+1}$.

解　$\lim\limits_{x\to \infty}\left(\dfrac{x+2}{x+1}\right)^{3x+1}=\lim\limits_{x\to \infty}\left[\dfrac{(x+1)+1}{x+1}\right]^{3x+1}=\lim\limits_{x\to \infty}\left(1+\dfrac{1}{x+1}\right)^{3x+1}$

$$=\lim_{x\to \infty}\left(1+\frac{1}{x+1}\right)^{(x+1)\cdot\frac{1}{x+1}\cdot(3x+1)}$$

$$=\lim_{x\to \infty}\left[\left(1+\frac{1}{x+1}\right)^{x+1}\right]^{\frac{1}{x+1}\cdot(3x+1)}$$

$$=e^{\lim\limits_{x\to\infty}\frac{3x+1}{x+1}}=e^3$$

例 6 已知$\lim\limits_{x\to\infty}\left(\frac{x+a}{x-a}\right)^x=9$，求 a.

解 $\lim\limits_{x\to\infty}\left(\frac{x+a}{x-a}\right)^x=\lim\limits_{x\to\infty}\left(1+\frac{2a}{x-a}\right)^x=\lim\limits_{x\to\infty}\left(1+\frac{2a}{x-a}\right)^{\frac{x-a}{2a}\cdot\frac{2a}{x-a}\cdot x}$

$$=\lim_{x\to\infty}\left[\left(1+\frac{2a}{x-a}\right]^{\frac{x-a}{2a}}\right)^{\frac{2ax}{x-a}}=e^{\lim\limits_{x\to\infty}\frac{2ax}{x-a}}=e^{2a}$$

由已知条件有 $e^{2a}=9$，所以 $a=\ln 3$.

习题 1.3

1. 计算下列极限.

(1) $\lim\limits_{x\to 0}\frac{\tan 3x}{x}$；

(2) $\lim\limits_{x\to 0}\frac{\sin mx}{\sin nx}$（$m\neq 0$，$n\neq 0$）；

(3) $\lim\limits_{x\to 0}\frac{1-\cos 2x}{x\sin x}$；

(4) $\lim\limits_{n\to\infty}2^n\sin\frac{x}{2^n}$（$x$ 为不等于零的常数）；

(5) $\lim\limits_{x\to 0}\frac{\sin 4x}{\sqrt{x+1}-1}$.

2. 计算下列极限.

(1) $\lim\limits_{x\to 0}(1+2x)^{\frac{1}{x}}$；

(2) $\lim\limits_{x\to\infty}\left(\frac{1+x}{x}\right)^{2x}$；

(3) $\lim\limits_{x\to 0}(1+\tan x)^{2\cot x}$；

(4) $\lim\limits_{x\to\infty}\left(\frac{3-2x}{2-2x}\right)^x$；

(5) $\lim\limits_{n\to\infty}\left(2-\cos\frac{x}{n^2}\right)^{n^4}$.

1.4 函数的连续性

在自然界中，有许多现象都是连续变化的，如生物的生长、气温的变化、钢材受热膨胀等，都是随着时间而连续变化的. 这些现象抽象到函数关系上，就是函数的连续性. 本节就以函数极限为基础讨论函数的连续性.

1.4.1 函数连续的定义

设变量 x 从它的一个初值 x_1 变到终值 x_2，则称终值 x_2 与初值 x_1 的差 x_2-x_1 为变

量 x 的增量（或改变量），记作 Δx，即 $\Delta x=x_2-x_1$，增量 Δx 可以是正的也可以是负的，当 $\Delta x\geqslant 0$ 时，$x_2\geqslant x_1$，反之，$x_2<x_1$.

如果函数 $f(x)$ 在 $x=x_0$ 处及 x_0 的"附近"区间内（或邻域内）有定义，当自变量 x 在 x_0 的这个"附近"区间内取得增量 Δx，即自变量 x 由 x_0 变到 $x_0+\Delta x$ 时，相应地，函数$y=f(x)$ 由 $f(x_0)$ 变到 $f(x_0+\Delta x)$，则称$\Delta y=f(x_0+\Delta x)-f(x_0)$ 为函数 $y=f(x)$ 的对应增量，如图 1－16 所示.

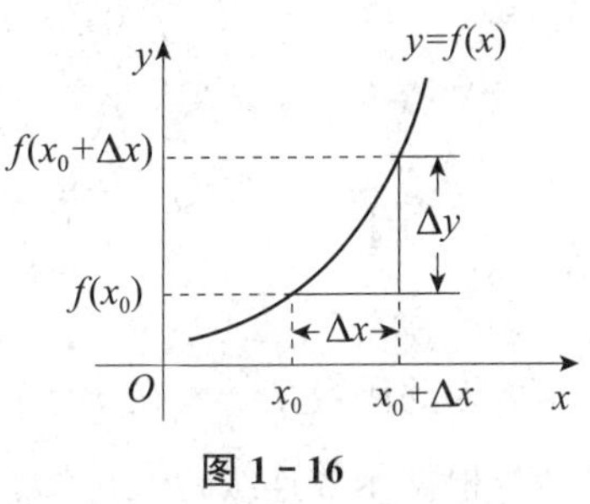

图 1－16

定义 1.8　设函数 $y=f(x)$ 在 x_0 的某个邻域内有定义，若

$$\lim_{\Delta x\to 0}\Delta y=\lim_{\Delta x\to 0}[f(x_0+\Delta x)-f(x_0)]=0 \tag{1-5}$$

则称函数 $y=f(x)$ 在 $x=x_0$ 处连续.

式（1－5）等价于$\lim\limits_{x\to x_0}f(x)=f(x_0)$.

定义 1.9　设函数 $y=f(x)$ 在 x_0 的某个邻域内有定义，若

$$\lim_{x\to x_0}f(x)=f(x_0) \tag{1-6}$$

则称 $y=f(x)$ 在 $x=x_0$ 处连续，此时点（x_0，$f(x_0)$）称为 $f(x)$ 的连续点.

在函数连续定义中，若有 $\lim\limits_{x\to x_0^+}f(x)=f(x_0)$，则称 $f(x)$ 在 $x=x_0$ 处右连续；若 $\lim\limits_{x\to x_0^-}f(x)=f(x_0)$，则称 $f(x)$ 在 $x=x_0$ 处左连续. 若函数在区间(a, b)内每一点处都连续，则称此函数在(a, b)内连续. 如果函数在(a, b)内连续，同时在 $x=a$ 处右连续，在 $x=b$ 处左连续，则称此函数在 $[a, b]$ 上连续.

从函数极限的定义知道，函数极限存在等价于其左、右极限存在且相等，因此有如下定理.

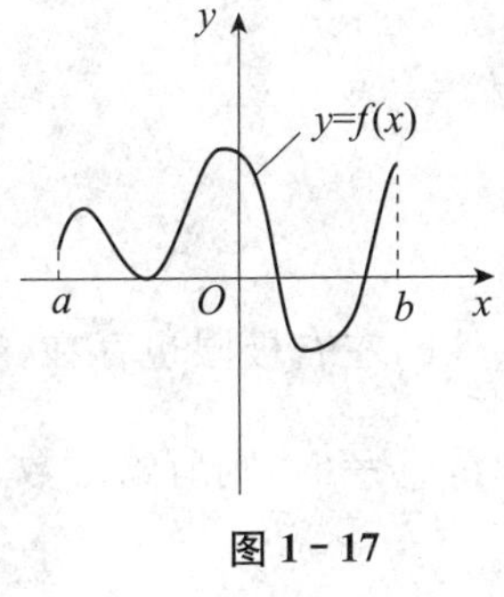

图 1－17

定理 1.5　函数 $f(x)$ 在 $x=x_0$ 处连续的充分必要条件是 $f(x)$在 $x=x_0$ 处左、右都连续.

函数的连续性可以通过函数的图像——曲线的连续性表示出来，即若 $f(x)$ 在 $[a, b]$ 上连续，则 $f(x)$ 在 $[a, b]$ 上的图像就是一条连绵不断的曲线，如图 1－17 所示.

例 1　判断函数 $f(x)=|x|$在点 $x=0$ 处的连续性.

解　函数 $f(x)=|x|$化为

$$f(x)=|x|=\begin{cases}x & x>0\\ 0 & x=0\\ -x & x<0\end{cases}$$

由于 $x=0$ 是分段函数的分界点，所以

$$f(0-0)=\lim_{x\to 0^-}f(x)=\lim_{x\to 0^-}(-x)=0=f(0)$$

$$f(0+0)=\lim_{x\to 0^+}f(x)=\lim_{x\to 0^+}x=0=f(0)$$

又由于

$$f(0+0)=f(0-0)=f(0)$$

因此函数 $f(x)$ 在 $x=0$ 点处连续.

根据函数连续定义可知，函数在一点连续，必须同时满足下列三个条件：

(1) 函数 $f(x)$ 在点 x_0 及其附近有定义；

(2) 极限 $\lim\limits_{x\to x_0}f(x)$ 存在；

(3) $\lim\limits_{x\to x_0}f(x)=f(x_0)$.

若上述三个条件中只要有一个条件不满足，则函数 $f(x)$ 在 $x=x_0$ 处不连续，称 x_0 为 $f(x)$ 的**间断点**．根据产生间断的原因不同，将间断点分成两大类，定义如下．

定义 1.10 设 x_0 为 $f(x)$ 的一个间断点，如果当 $x\to x_0$ 时，$f(x)$ 的左、右极限都存在，则称 x_0 为 $f(x)$ 的第一类间断点；否则，称 x_0 为 $f(x)$ 的第二类间断点.

由第一类间断点的定义可以看出，其包含以下两种情况：

(1) $\lim\limits_{x\to x_0^-}f(x)$ 与 $\lim\limits_{x\to x_0^+}f(x)$ 都存在但不相等时，称 x_0 为 $f(x)$ 的跳跃间断点；

(2) $\lim\limits_{x\to x_0}f(x)$ 存在但不等于 $f(x_0)$ 或 $f(x)$ 在点 x_0 处没定义时，称 x_0 为 $f(x)$ 的可去间断点.

例 2 判断函数 $y=\dfrac{x^2-9}{x-3}$ 的间断点及其类型.

解 由于函数 $y=\dfrac{x^2-9}{x-3}$ 在 $x=3$ 处没有定义，所以 $x=3$ 为不连续点（如图 1-18 所示）．但这里

$$\lim_{x\to 3}\frac{x^2-9}{x-3}=\lim_{x\to 3}(x+3)=6$$

因为函数 $y=\dfrac{x^2-9}{x-3}$ 在 $x=3$ 处的极限存在，当然其在 $x=3$ 处的左右极限也存在，所以 $x=3$ 是该函数的第一类间断点．如果补充定义：令 $x=3$ 时，$y=6$，则所给函数在 $x=3$ 处连续．所以 $x=3$ 称为该函数的可去间断点.

例 3 指出函数 $f(x)=\begin{cases}-x+1 & x<1\\ 1 & x=1\\ -x+3 & x>1\end{cases}$ 的间断点，并作出函数的图像.

解　因为 $\lim\limits_{x\to1^+}f(x)=\lim\limits_{x\to1^+}(-x+3)=2$，$\lim\limits_{x\to1^-}f(x)=\lim\limits_{x\to1^-}(-x+1)=0$

所以 $\lim\limits_{x\to1^+}f(x)\neq\lim\limits_{x\to1^-}f(x)$，故 $\lim\limits_{x\to1}f(x)$ 不存在.

故 $f(x)$ 在 $x=1$ 处间断，$x=1$ 为 $f(x)$ 的跳跃间断点（如图 1－19 所示）.

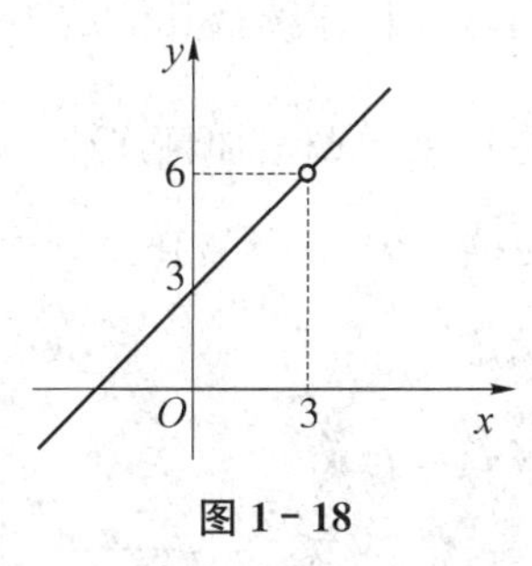

图 1－18

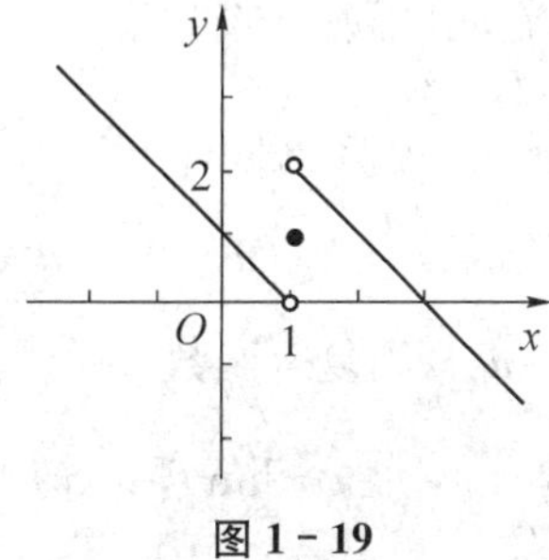

图 1－19

例 4　指出函数 $f(x)=\dfrac{x}{x-1}$ 的间断点，并作出函数的图像.

解　因为 $f(x)$ 在 $x=1$ 处没有定义，且 $\lim\limits_{x\to1}f(x)=\infty$，所以 $f(x)$ 在 $x=1$ 处间断. 用坐标平移的方法作出函数 $f(x)=\dfrac{x}{x-1}=1+\dfrac{1}{x-1}$ 的图像如图 1－20 所示.

可以证明：初等函数在其定义区间内都是连续的. 因此若函数 $f(x)$ 是初等函数，且点 x_0 是它定义区间内的点，则当 $x\to x_0$ 时，函数 $f(x)$ 的极限值就是 $f(x)$ 在点 x_0 处的函数值，即

$$\lim_{x\to x_0}f(x)=f(x_0)=f(\lim_{x\to x_0}x)\qquad(1-7)$$

式 (1－7) 为计算初等函数的极限提供了一个实用而又简便的方法.

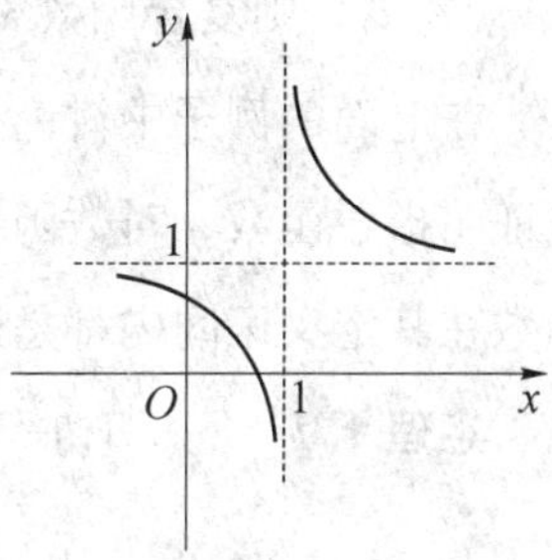

图 1－20

例如，$\lim\limits_{x\to0}\sqrt{x^2-2x+5}=\sqrt{0^2-2\times0+5}=\sqrt{5}$，$\lim\limits_{x\to0}\arctan(\mathrm{e}^x)=\arctan(\mathrm{e}^0)=\arctan 1=\dfrac{\pi}{4}$.

1.4.2　连续函数的性质

由函数连续的定义和函数极限运算法则，可以得到如下定理.

定理 1.6　有限个在某点连续的函数的和、差、积是一个在该点连续的函数.

定理 1.7　两个在某点连续的函数的商是一个在该点连续的函数（分母函数在该点不为零）.

前面介绍过反函数和复合函数的概念，当知道一个在区间 I 内的连续函数时，必然

会关心其反函数的连续性，下面定理给出了连续函数与其反函数的关系.

定理 1.8 设函数 $f(x)$ 在区间 I 上严格单调增加（递减）且连续，其值域为 $M=\{y|y=f(x), x\in I\}$，则其反函数 $f^{-1}(x)$ 在区间 M 上严格单调增加（递减）且连续.

如 $y=\sin x$ 在闭区间 $\left[-\frac{\pi}{2}, \frac{\pi}{2}\right]$ 上严格单调增加且连续，其值域为 $[-1, 1]$，则其反函数 $y=\arcsin x$ 在闭区间 $[-1, 1]$ 上也是严格单调增加且连续.

定理 1.9 设函数 $y=f(u)$ 在点 $u=u_0$ 处连续，$u=g(x)$ 在点 $x=x_0$ 处的极限为 u_0，即 $\lim\limits_{x\to x_0}g(x)=u_0$，则复合函数 $y=f[g(x)]$ 满足

$$\lim_{x\to x_0}f[g(x)]=\lim_{u\to u_0}f(u)=f(u_0) \tag{1-7}$$

式（1-7）也可写为：$\lim\limits_{x\to x_0}f[g(x)]=f[\lim\limits_{x\to x_0}g(x)]=f(u_0)$ （1-8）

在定理 1.9 条件下，求复合函数 $y=f[g(x)]$ 的极限时，函数符号 f 与极限符号 $\lim\limits_{x\to x_0}$ 可以交换次序.

定理 1.10 设函数 $y=f(u)$ 在 $u=u_0$ 处连续，$u=g(x)$ 在点 $x=x_0$ 处连续且 $g(x_0)=u_0$，则复合函数 $y=f[g(x)]$ 在 $x=x_0$ 点处连续.

在上面的例子中讨论了三角函数和反三角函数在其定义区间内是连续的，其实还可以证明指数函数、对数函数和幂函数在其定义区间内也是连续的，也就是说：基本初等函数在其定义区间内都是连续的. 根据前面的定理可以得到如下结论.

定理 1.11 一切初等函数在其定义区间内都是连续的.

习题 1.4

1. 研究下列函数的连续性，并作出函数的图像.

（1）$f(x)=\begin{cases} x^2 & x\leqslant 0 \\ \ln x & x>0 \end{cases}$　　（2）$f(x)=\begin{cases} x & -1\leqslant x\leqslant 1 \\ 1 & x<-1 \text{ 或} >1. \end{cases}$

2. 找出下列函数的间断点，说明这些间断点属于哪一类. 如果是可去间断点，则补充或改变函数的定义使它连续.

（1）$y=\dfrac{x^2-1}{x^2-3x+2}$；　　（2）$y=\dfrac{x}{\tan x}$；

（3）$y=\cos\left|\dfrac{1}{x}\right|$；　　（4）$y=\dfrac{2^{\frac{1}{x}}-1}{2^{\frac{1}{x}}+1}$；

（5）$y=\begin{cases} x-1 & x\leqslant 1 \\ 3-x & x>1. \end{cases}$

1.5　闭区间上连续函数的性质

前面给出了函数在闭区间上连续的概念，本节主要讨论连续函数在闭区间上的主要性质.

设函数 $f(x)$ 在闭区间 $[a, b]$ 上连续，如图 1-21 所示，则有以下几个定理成立.

定理 1.12（最值定理）　若函数 $f(x)$ 在闭区间 $[a, b]$ 上连续，则 $f(x)$ 在 $[a, b]$ 上有最大值与最小值.

推论（有界定理）　若函数 $f(x)$ 在闭区间 $[a, b]$ 上连续，则 $f(x)$ 在 $[a, b]$ 上有界.

若 x_0 使得 $f(x_0)=0$，则称 x_0 为函数 $f(x)$ 的零点或称 x_0 为方程 $f(x)=0$ 的根.

定理 1.13（零点存在定理）　若函数 $f(x)$ 在闭区间 $[a, b]$ 上连续，$f(a)$ 与 $f(b)$ 异号，则在 (a, b) 内至少存在一点 ξ，使得 $f(\xi)=0$.

如图 1-22 所示，定理 1.13 说明：如果连续函数 $f(x)$ 的图像的两个端点位于 x 轴的两侧，那么 $f(x)$ 与 x 轴至少有一个交点.

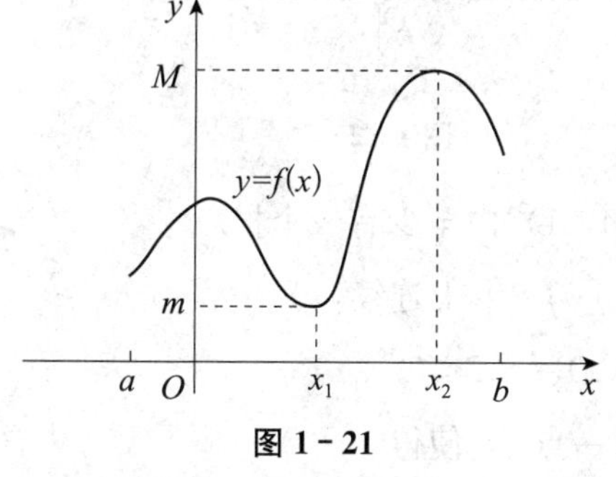

图 1-21

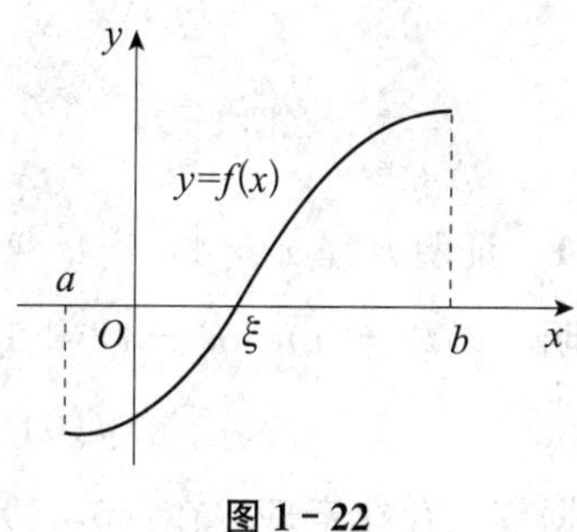

图 1-22

定理 1.14（介值定理）　若函数 $f(x)$ 在闭区间 $[a, b]$ 上连续，$f(a)\neq f(b)$，对介于 $f(a)$ 与 $f(b)$ 之间的任一数 C，则在 (a, b) 内至少存在一点 ξ，使得 $f(\xi)=C$.

推论　设 $f(x)$ 在 $[a, b]$ 上的最大值与最小值分别为 M 和 m，对介于 M 和 m 之间的任一数 C，则在 (a, b) 内至少存在一点 ξ，使得 $f(\xi)=C$，如图 1-23 所示.

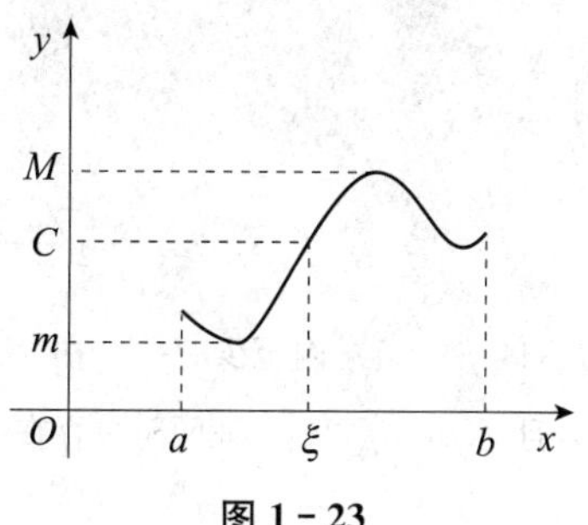

图 1-23

注意：（1）若函数不是在闭区间上而是在开区间上连续，以上定理不一定成立；（2）若函数在闭区间上有间断点，以上定理不一定成立.

例如，函数 $y=\dfrac{1}{x}$ 在(0，1]上连续，但在(0，1]上无界，如图 1－24 所示.

再如，函数 $y=\begin{cases} x^2 & -1\leqslant x<0 \\ 1 & x=0 \\ 2-x^2 & 0<x\leqslant 1 \end{cases}$ 在闭区间[－1，1]上有间断点 $x=0$，则它既取不到最大值也取不到最小值，如图 1－25 所示.

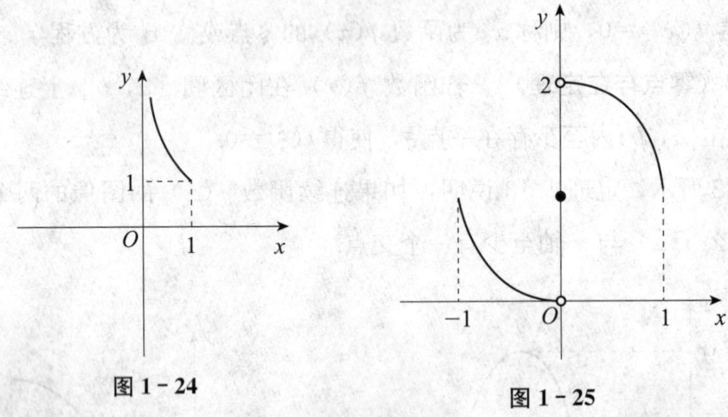

图 1－24　　图 1－25

例 1　证明方程 $x^3-4x^2+1=0$ 在区间（0，1）内至少有一个根.

证明　函数 $f(x)=x^3-4x^2+1$ 在闭区间［0，1］上连续，又

$$f(0)=1>0,\ f(1)=-2<0$$

根据零点存在定理，在（0，1）内至少有一点 ξ，使得

$$f(\xi)=0$$

即

$$\xi^3-4\xi^2+1=0,\ 0<\xi<1.$$

这等式说明方程 $x^3-4x^2+1=0$ 在区间（0，1）内至少有一个根是 ξ.

习题 1.5

1. 求下列极限.

（1）$\lim\limits_{x\to\frac{\pi}{6}}\ln(2\cos 2x)$；　　（2）$\lim\limits_{x\to 0}\dfrac{\sqrt{x+1}-1}{x}$.

2. 证明方程 $x^3-5x^2+1=0$ 在区间（0，1）内至少有一个根.

3. 设 $f(x)$ 在$[0,\ 2a]$上连续，且 $f(0)=f(2a)$，证明至少存在一点 $\xi\in[0,\ a]$，使 $f(\xi)=f(\xi+a)$.

第 2 章　导数与微分

在自然科学、社会科学、工程实践甚至日常生活中，我们不仅需要研究变量之间的绝对变化关系，有时还需要从数量上研究函数相对于自变量的变化快慢程度，即变化率的问题，如曲线的切线问题，物体运动的速度、加速度，电流的强度，温度的变化程度等，所有这些问题在数量关系上都归结为函数的变化率，即**导数**. 在这一章，我们从几个实际问题入手，引进导数概念，然后介绍导数的基本公式和运算法则.

2.1　导数的概念

2.1.1　引例

1. 变速运动的瞬时速度问题——路程相对时间的变化率

在物理学中，曾学习过匀速直线运动的一个基本关系：速度$=\frac{\text{路程}}{\text{时间}}$，即

$$v=\frac{s}{t}$$

但在日常生活中，我们所遇到的物体的运动大都是变速运动，平常人们所说的物体运动的速度是指物体在一段时间内的平均速度. 如何求出物体在某一时刻的瞬时速度呢?

设 s 表示物体从某一时刻开始到时刻 t 作直线运动所经过的路程，则 s 是时刻 t 的函数 $s=s(t)$，现在来确定物体在某一给定时刻 t_0 的速度.

当时刻由 t_0 改变到 $t_0+\Delta t$ 时，物体在 Δt 这段时间内所经过的路程为

$$\Delta s = s(t_0+\Delta t)-s(t_0)$$

因此在 Δt 这段时间内，物体的平均速度为

$$\bar{v}=\frac{\Delta s}{\Delta t}=\frac{s(t_0+\Delta t)-s(t_0)}{\Delta t}$$

若物体作匀速直线运动，平均速度 $\bar{v}$ 就是物体在任何时刻的速度 v. 若物体的运动是变速的，则当 Δt 很小时，$\bar{v}$ 可以近似地表示物体在 t_0 时刻的速度，Δt 越小，近似程

度越好，当 $\Delta t \to 0$ 时，如果极限 $\lim\limits_{\Delta t \to 0}\dfrac{\Delta s}{\Delta t}$ 存在，则此极限为物体在 t_0 时刻的瞬时速度，即

$$v=\lim_{\Delta t \to 0}\frac{\Delta s}{\Delta t}=\lim_{\Delta t \to 0}\frac{s(t_0+\Delta t)-s(t_0)}{\Delta t}$$

2. 曲线的切线斜率

在平面几何里，圆的切线定义为“与曲线有唯一交点的直线”. 显然这一定义具有特殊性，并不适合一般的连续曲线. 下面给出一般连续曲线的切线定义：在曲线 L 上，点 M 为曲线上一定点，在点 M 附近再取一点 N，作割线 MN，当点 N 沿曲线移动而趋向于点 M 时，割线 MN 的极限位置 MT 就称为曲线 L 在点 M 处的切线，如图 2－1 所示.

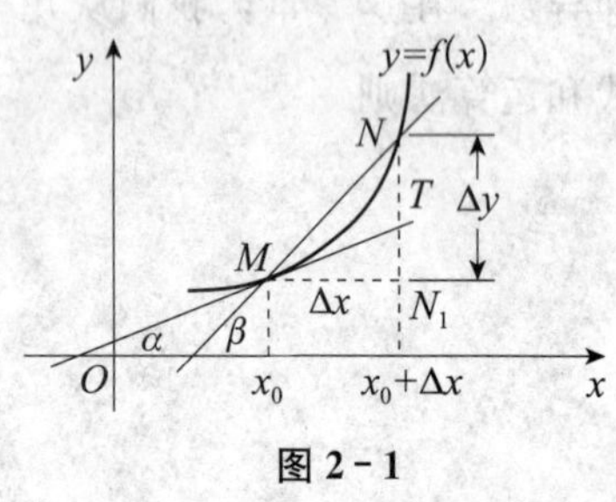

图 2－1

根据这个定义，可以用极限的方法来求曲线的切线斜率. 设曲线 $y=f(x)$ 的图像如图 2－1 所示，点 $M(x_0, y_0)$ 为曲线上一定点，在曲线上另取一点 $N(x_0+\Delta x, y_0+\Delta y)$，点 N 的位置取决于 Δx，它是曲线上的一个动点，作割线 MN，设其倾斜角（MN 与 x 轴正向的夹角）为 β，由图 2－1 可知割线 MN 的斜率为

$$\tan\beta=\frac{\Delta y}{\Delta x}=\frac{f(x_0+\Delta x)-f(x_0)}{\Delta x}$$

当 $\Delta x \to 0$ 时，动点 N 将沿着曲线趋向于定点 M，从而割线 MN 也随之变动而趋向于极限位置——切线 MT. 显然，此时倾斜角 β 趋向于切线的倾斜角 α，于是得到切线的斜率为

$$k=\tan\alpha=\lim_{\Delta x \to 0}\tan\beta=\lim_{\Delta x \to 0}\frac{\Delta y}{\Delta x}=\lim_{\Delta x \to 0}\frac{f(x_0+\Delta x)-f(x_0)}{\Delta x}$$

上面两个实例的具体含义虽然不相同，但是从抽象的数学关系来看，它们的实质是一样的，都可归结为计算函数改变量 Δy 与自变量改变量 Δx 的比在自变量改变量 Δx 趋向于零时的极限，即变化率的极限. 这种特殊的极限叫作**函数的导数**.

2.1.2 导数概念

1. 导数的定义

定义 2.1 设函数 $y=f(x)$ 在点 x_0 及其某个邻域内有定义，当自变量 x 在 x_0 处取得增量 Δx（点 $x_0+\Delta x$ 仍在定义范围内）时，函数有相应的增量

$$\Delta y=f(x_0+\Delta x)-f(x_0)$$

如果极限$\lim\limits_{\Delta x\to 0}\dfrac{\Delta y}{\Delta x}$存在，则称函数 $f(x)$ 在**点 x_0 处可导**，并称这个极限为函数 $y=f(x)$ **在点 x_0 处的导数**，记为 $f'(x_0)$，即

$$f'(x_0)=\lim_{\Delta x\to 0}\frac{\Delta y}{\Delta x}=\lim_{\Delta x\to 0}\frac{f(x_0+\Delta x)-f(x_0)}{\Delta x}$$

也可记作$y'\big|_{x=x_0}$或$\dfrac{\mathrm{d}y}{\mathrm{d}x}\Big|_{x=x_0}$或$\dfrac{\mathrm{d}f(x)}{\mathrm{d}x}\Big|_{x=x_0}$.

如果极限$\lim\limits_{\Delta x\to 0}\dfrac{\Delta y}{\Delta x}$不存在，就说函数在点 x_0 处没有导数或不可导. 如果不可导的原因是当 $\Delta x\to 0$ 时，$\dfrac{\Delta y}{\Delta x}\to\infty$，为了方便起见，往往也说函数 $y=f(x)$ 在点 x_0 处的导数为无穷大.

与函数 $y=f(x)$ 在点 x_0 处的左、右极限概念相似，如果 $\lim\limits_{\Delta x\to 0^-}\dfrac{\Delta y}{\Delta x}$和 $\lim\limits_{\Delta x\to 0^+}\dfrac{\Delta y}{\Delta x}$存在，则分别称此两极限为 $f(x)$ 在点 x_0 处的**左导数**和**右导数**，分别记为 $f'_-(x_0)$ 和 $f'_+(x_0)$：

$$f'_-(x_0)=\lim_{\Delta x\to 0^-}\frac{\Delta y}{\Delta x}=\lim_{\Delta x\to 0^-}\frac{f(x_0+\Delta x)-f(x_0)}{\Delta x}=\lim_{x\to x_0^-}\frac{f(x)-f(x_0)}{x-x_0}$$

$$f'_+(x_0)=\lim_{\Delta x\to 0^+}\frac{\Delta y}{\Delta x}=\lim_{\Delta x\to 0^+}\frac{f(x_0+\Delta x)-f(x_0)}{\Delta x}=\lim_{x\to x_0^+}\frac{f(x)-f(x_0)}{x-x_0}$$

由函数极限存在的充分必要条件可知，函数 $f(x)$ 在点 x_0 处的导数与在该点的左、右导数之间的关系如下.

定理 2.1　函数 $f(x)$ 在点 x_0 处可导且 $f'(x_0)=A$ 的充分必要条件是它在点 x_0 处的左导数 $f'_-(x_0)$、右导数 $f'_+(x_0)$ 均存在，且都等于 A，即

$$f'(x_0)=A\Leftrightarrow f'_-(x_0)=A=f'_+(x_0)$$

如果函数 $f(x)$ 在某区间 (a, b) 内的每一点都可导，则称 $f(x)$ 在区间 (a, b) 内可导，这时，对于 (a, b) 内的每一点 x，都有确定的导数值与它对应，这样就构成了一个新的函数，称为函数 $f(x)$ 的**导函数**，记作 $f'(x)$ 或 y'或$\dfrac{\mathrm{d}y}{\mathrm{d}x}$或$\dfrac{\mathrm{d}f(x)}{\mathrm{d}x}$，在不致发生混淆的情况下，导函数也简称导数.

下面根据定义计算几个基本初等函数的导数.

例 1　求 $f(x)=C$（C 为常数）的导数.

解　$f'(x)=\lim\limits_{\Delta x\to 0}\dfrac{f(x+\Delta x)-f(x)}{\Delta x}=\lim\limits_{\Delta x\to 0}\dfrac{C-C}{\Delta x}=0$

例 2　设 $f(x)=x^2$，求 $f'(x)$.

解 $f'(x)=\lim\limits_{\Delta x\to 0}\dfrac{f(x+\Delta x)-f(x)}{\Delta x}=\lim\limits_{\Delta x\to 0}\dfrac{(x+\Delta x)^2-x^2}{\Delta x}$

$$=\lim_{\Delta x\to 0}\frac{2x\Delta x+(\Delta x)^2}{\Delta x}=2x$$

一般地，幂函数的导数公式为：$(x^{\mu})'=\mu x^{\mu-1}$（μ 为实数）.

例 3 设 $f(x)=\sin x$，求 $f'(x)$，$f'(0)$，$f'\left(\frac{\pi}{3}\right)$.

解 $f'(x)=\lim\limits_{\Delta x\to 0}\dfrac{f(x+\Delta x)-f(x)}{\Delta x}=\lim\limits_{\Delta x\to 0}\dfrac{\sin(x+\Delta x)-\sin x}{\Delta x}$

$$=\lim_{\Delta x\to 0}\frac{2\sin\frac{\Delta x}{2}\cos\left(x+\frac{\Delta x}{2}\right)}{\Delta x}$$

$$=\lim_{\Delta x\to 0}\frac{\sin\frac{\Delta x}{2}}{\frac{\Delta x}{2}}\cdot\lim_{\Delta x\to 0}\cos\left(x+\frac{\Delta x}{2}\right)=\cos x$$

所以
$$(\sin x)'=\cos x$$

从而有
$$f'(0)=f'(x)\big|_{x=0}=\cos x\big|_{x=0}=\cos 0=1$$

$$f'\left(\frac{\pi}{3}\right)=f'(x)\big|_{x=\frac{\pi}{3}}=\cos\frac{\pi}{3}=\frac{1}{2}$$

同理可得
$$(\cos x)'=-\sin x$$

例 4 设 $f(x)=\log_a x$（$a>0$，$a\neq 1$），求 $f'(x)$.

解 $f'(x)=\lim\limits_{\Delta x\to 0}\dfrac{f(x+\Delta x)-f(x)}{\Delta x}=\lim\limits_{\Delta x\to 0}\dfrac{\log_a(x+\Delta x)-\log_a x}{\Delta x}$

$$=\lim_{\Delta x\to 0}\frac{1}{\Delta x}\cdot\log_a\left(1+\frac{\Delta x}{x}\right)=\lim_{\Delta x\to 0}\frac{1}{x}\log_a\left(1+\frac{\Delta x}{x}\right)^{\frac{x}{\Delta x}}$$

$$=\frac{1}{x}\log_a \mathrm{e}=\frac{1}{x}\cdot\frac{1}{\ln a}$$

即
$$(\log_a x)'=\frac{1}{x\ln a}$$

特别地，当 $a=\mathrm{e}$ 时，有 $(\ln x)'=\dfrac{1}{x}$.

以上通过导数的定义求出了几个基本初等函数的导数，基本初等函数作为基本函数，其求导公式在一般函数的导数计算中起到重要的作用，下面不加证明地给出基本初等函数的求导公式.

(1) $(C)'=0$（C为任意常数）；

(2) $(x^{\mu})'=\mu x^{\mu-1}$ （$\mu\in\mathbf{R}^{*}$）；

(3) $(a^{x})'=a^{x}\ln a$ （$a>0$，$a\neq1$）；$(\mathrm{e}^{x})'=\mathrm{e}^{x}$；

(4) $(\log_{a}x)'=\frac{1}{x\ln a}$ （$a>0$，$a\neq1$）；$(\ln x)'=\frac{1}{x}$；

(5) $(\sin x)'=\cos x$；$(\cos x)'=-\sin x$；

$(\tan x)'=\sec^{2}x=\frac{1}{\cos^{2}x}$；$(\cot x)'=-\csc^{2}x=-\frac{1}{\sin^{2}x}$；

$(\sec x)'=\sec x\cdot\tan x$；$(\csc x)'=-\csc x\cdot\cot x$；

(6) $(\arcsin x)'=\frac{1}{\sqrt{1-x^{2}}}$；$(\arccos x)'=-\frac{1}{\sqrt{1-x^{2}}}$；

$(\arctan x)'=\frac{1}{1+x^{2}}$；$(\mathrm{arccot}\, x)'=-\frac{1}{1+x^{2}}$.

2. 导数的几何意义

由前面的讨论可知，函数 $f(x)$ 在一具体点 x_0 处的导数等于函数所表示的曲线 L 在相应点（x_0，y_0）处的**切线斜率**，这就是**导数的几何意义**.

有了曲线在点（x_0，y_0）处的切线斜率，就可以写出曲线在该点处的切线方程. 事实上，若 $f'(x_0)$ 存在，则曲线 L 上点 M（x_0，y_0）处的**切线方程**可写成

$$y-y_0=f'(x_0)\cdot(x-x_0)$$

例 5　设曲线 $y=x^3$，求：在点 $M_0(1,1)$ 处的切线方程和法线方程.

解　因为 $(x^3)'=3x^2$，因而点 $M_0(1,1)$ 处的切线斜率 $k_1=(x^3)'\big|_{x=1}=3$，法线的斜率 $k_2=-\frac{1}{k_1}=-\frac{1}{3}$，所以过点 $M_0(1,1)$ 的切线方程为

$$y-1=3(x-1)，即\ y=3x-2.$$

法线方程为

$$y-1=-\frac{1}{3}(x-1)，即\ y=-\frac{1}{3}x+\frac{4}{3}.$$

3. 可导与连续的关系

从导数的定义出发很容易推出可导与连续的关系.

定理 2.2　如果函数 $y=f(x)$ 在点 x_0 处可导，则函数 $y=f(x)$ 在点 x_0 处必连续.

证明　设函数 $y=f(x)$ 在点 x_0 处可导，则有 $\lim\limits_{\Delta x\to0}\frac{\Delta y}{\Delta x}=f'(x_0)$，根据函数的极限与无穷小的关系可得

$$\frac{\Delta y}{\Delta x}=f'(x_0)+\alpha(\Delta x)$$

其中 $\alpha(\Delta x)$ 为当 $\Delta x\to 0$ 时的无穷小，两端各乘以 Δx 即得

$$\Delta y=f'(x_0)\cdot\Delta x+\alpha(\Delta x)\cdot\Delta x$$

两边取极限得 $\lim\limits_{\Delta x\to 0}\Delta y=0$，即函数 $y=f(x)$ 在点 x_0 处连续. 定理得证.

因 x_0 是区间 I 上的任意一点，所以如果 $f(x)$ 在区间 I 可导，则 $f(x)$ 必在区间 I 上连续.

上述定理说明：如果函数 $f(x)$ 在某一点处可导，则函数 $f(x)$ 在该点处必连续. 但反过来结论成不成立呢？通过下面的例子可说明这个问题.

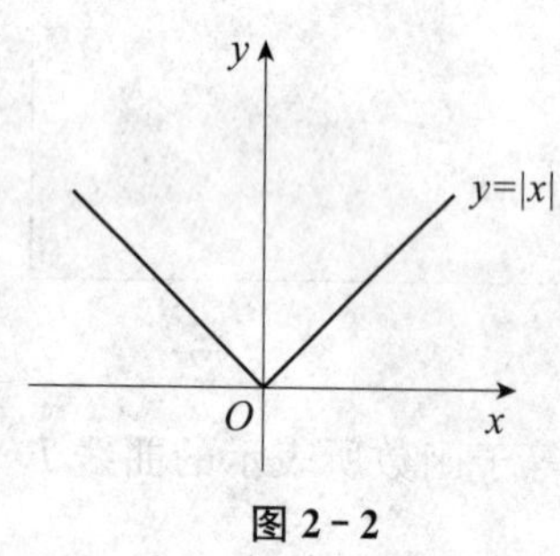

图 2-2

例 6 判断：分段函数 $y=|x|=\begin{cases}x & x\geqslant 0\\ -x & x<0\end{cases}$ 在 $x=0$ 处是否连续，是否可导？

解 由图 2-2 知，显然

$$\lim_{x\to 0^+}f(x)=\lim_{x\to 0^-}f(x)=0=f(0)$$

所以函数在 $x=0$ 处是连续的.

又
$$f'_+(0)=\lim_{x\to 0^+}\frac{f(x)-f(0)}{x-0}=\lim_{x\to 0^+}\frac{x-0}{x-0}=1$$

$$f'_-(0)=\lim_{x\to 0^-}\frac{f(x)-f(0)}{x-0}=\lim_{x\to 0^-}\frac{-x-0}{x-0}=-1$$

$$f'_-(0)\neq f'_+(0)$$

所以函数 $y=|x|=\begin{cases}x & x\geqslant 0\\ -x & x<0\end{cases}$ 在 $x=0$ 处连续，但不可导.

由此可见，如果函数 $f(x)$ 在点 x 处连续，则函数在该点处不一定可导. 即：函数在某点处连续是函数在该点处可导的必要条件，但不是充分条件.

习题 2.1

1. 下列各题中均假定 $f'(x_0)$ 存在，按照导数定义观察下列极限，指出 A 表示什么.

(1) $\lim\limits_{\Delta x\to 0}\dfrac{f(x_0+2\Delta x)-f(x_0)}{\Delta x}=A$； (2) $\lim\limits_{h\to 0}\dfrac{f(x_0)-f(x_0-h)}{h}=A$.

2. 设 $f(x)=\cos x$，试按导数定义求 $f'(x)$.

3. 求曲线 $y=\ln x$ 在点 $P(\mathrm{e},1)$ 处的切线方程及法线方程.

4. 讨论函数 $f(x)=\begin{cases}x^2\sin x & x\neq 0\\ 0 & x=0\end{cases}$ 在 $x=0$ 处的连续性与可导性.

2.2　函数的求导法则

通过2.1节的学习我们知道，利用导数的定义求函数的导数很麻烦，同时这种计算也很有局限性. 在本节中我们学习函数和、差、积、商的求导法则，同时给出求导基本公式，从而解决了导数的基本计算问题.

2.2.1　导数的四则运算法则

法则 2.1　设函数 $u=u(x)$，$v=v(x)$ 都是可导函数，则

(1) $(u\pm v)'=u'\pm v'$；

(2) $(uv)'=u'v+uv'$；

(3) $\left(\dfrac{u}{v}\right)'=\dfrac{u'v-uv'}{v^2}$ $(v\neq 0)$.

下面只给出上述第（2）条的证明过程.

证明　设 $y=u(x)\cdot v(x)$，给自变量 x 以增量 Δx，则函数 $u=u(x)$，$v=v(x)$ 及 $y=u(x)\cdot v(x)$ 相应地也有增量 Δu，Δv，Δy.

$$\begin{aligned}\Delta y&=[u(x+\Delta x)\cdot v(x+\Delta x)]-[u(x)\cdot v(x)]\\&=[u(x+\Delta x)-u(x)]\cdot v(x+\Delta x)+u(x)\cdot[v(x+\Delta x)-v(x)]\\&=\Delta u\cdot v(x+\Delta x)+u(x)\cdot\Delta v\end{aligned}$$

$$\frac{\Delta y}{\Delta x}=\frac{\Delta u}{\Delta x}\cdot v(x+\Delta x)+u(x)\cdot\frac{\Delta v}{\Delta x}$$

于是

$$y'=\lim_{\Delta x\to 0}\frac{\Delta y}{\Delta x}=\lim_{\Delta x\to 0}\frac{\Delta u}{\Delta x}\cdot\lim_{\Delta x\to 0}v(x+\Delta x)+\lim_{\Delta x\to 0}u(x)\cdot\lim_{\Delta x\to 0}\frac{\Delta v}{\Delta x}=u'v+uv'$$

即

$$(uv)'=u'v+uv'$$

例 1　设 $y=x^4+\sin x+8$，求 y'.

解　$y'=(x^4+\sin x+8)'=(x^4)'+(\sin x)'+(8)'$

$=4x^3+\cos x+0=4x^3+\cos x$

例 2　设 $y=\dfrac{x^2+\sqrt{\pi x}+2}{\sqrt{x}}+\sin\dfrac{\pi}{2}$，求 y'.

解　$y'=\left(\dfrac{x^2+\sqrt{\pi x}+2}{\sqrt{x}}+\sin\dfrac{\pi}{2}\right)'=\left(x^{\frac{3}{2}}+\sqrt{\pi}+2x^{-\frac{1}{2}}+\sin\dfrac{\pi}{2}\right)'$

$$=(x^{\frac{3}{2}})'+(\sqrt{\pi})'+(2x^{-\frac{1}{2}})'+\left(\sin\frac{\pi}{2}\right)'$$

$$=\frac{3}{2}x^{\frac{1}{2}}+0+2\left(-\frac{1}{2}\right)x^{-\frac{3}{2}}=\frac{3}{2}\sqrt{x}-\frac{1}{x\sqrt{x}}$$

例 3 设 $y=(\cos x+\sin x)\log_2 x$，求 y'.

解 $y'=[(\cos x+\sin x)\log_2 x]'=(\log_2 x)'(\cos x+\sin x)+\log_2 x\cdot(\cos x+\sin x)'$

$$=\frac{1}{x\ln 2}(\cos x+\sin x)+\log_2 x(-\sin x+\cos x)$$

例 4 求函数 $y=\tan x$ 的导数.

解 $y'=(\tan x)'=\left(\dfrac{\sin x}{\cos x}\right)'=\dfrac{(\sin x)'\cos x-\sin x(\cos x)'}{\cos^2 x}$

$$=\frac{\cos^2 x+\sin^2 x}{\cos^2 x}=\frac{1}{\cos^2 x}=\sec^2 x$$

即
$$(\tan x)'=\sec^2 x$$

类似地可得
$$(\cot x)'=-\csc^2 x$$

例 5 求函数 $y=\sec x$ 的导数.

解 $y'=(\sec x)'=\left(\dfrac{1}{\cos x}\right)'=\dfrac{(1)'\cos x-1\cdot(\cos x)'}{\cos^2 x}$

$$=\frac{\sin x}{\cos^2 x}=\sec x\tan x$$

即
$$(\sec x)'=\sec x\tan x$$

类似地可得
$$(\csc x)'=-\csc x\cdot\cot x$$

2.2.2 反函数的求导法则

法则 2.2 设函数 $x=\varphi(y)$ 在区间 (a,b) 内单调、可导，且 $\varphi'(y)\neq 0$，则其反函数 $y=f(x)$ 在相应区间内也单调、可导，且

$$f'(x)=\frac{1}{\varphi'(y)} \quad 或 \quad \frac{\mathrm{d}y}{\mathrm{d}x}=\frac{1}{\frac{\mathrm{d}x}{\mathrm{d}y}}$$

证明 函数 $x=\varphi(y)$ 单调、可导，从而连续，故其反函数 $y=f(x)$ 在相应区间内也单调、连续.

对于反函数 $y=f(x)$，当自变量 x 有增量 Δx（$\Delta x\neq 0$）时，函数 y 相应地也有增量 Δy（$\Delta y\neq 0$），且 $\Delta x\to 0$ 时，$\Delta y\to 0$.

所以
$$\lim_{\Delta x\to 0}\frac{\Delta y}{\Delta x}=\lim_{\Delta x\to 0}\frac{1}{\frac{\Delta x}{\Delta y}}=\frac{1}{\lim\limits_{\Delta y\to 0}\frac{\Delta x}{\Delta y}}$$

即
$$f'(x)=\frac{1}{\varphi'(y)} \quad 或 \quad \frac{\mathrm{d}y}{\mathrm{d}x}=\frac{1}{\frac{\mathrm{d}x}{\mathrm{d}y}}$$

法则 2.2 表明，反函数的导数等于原函数导数的倒数.

例 6　求指数函数 $y=a^x$（$a>0$ 且 $a\neq1$）的导数.

解　因为 $y=a^x$ 是 $x=\log_a y$ 的反函数

所以
$$(a^x)'=\frac{1}{(\log_a y)'}=\frac{1}{\frac{1}{y\ln a}}=y\ln a=a^x\ln a$$

特殊地，当 $a=\mathrm{e}$ 时有
$$(\mathrm{e}^x)'=\mathrm{e}^x$$

例 7　求 $y=\arcsin x$（$-1<x<1$）的导数.

解　因为 $y=\arcsin x$（$-1<x<1$）的反函数是 $x=\sin y\left(-\frac{\pi}{2}<y<\frac{\pi}{2}\right)$

而
$$(\sin y)'=\cos y\neq0 \left(-\frac{\pi}{2}<y<\frac{\pi}{2}\right)$$

所以
$$y'=(\arcsin x)'=\frac{1}{(\sin y)'}$$
$$=\frac{1}{\cos y}=\frac{1}{\sqrt{1-\sin^2 y}}=\frac{1}{\sqrt{1-x^2}}$$

由于 $\cos y$ 在 $\left(-\frac{\pi}{2},\ \frac{\pi}{2}\right)$ 内恒为正值，故上述根式前取正号.

即
$$(\arcsin x)'=\frac{1}{\sqrt{1-x^2}}$$

类似有
$$(\arccos x)'=-\frac{1}{\sqrt{1-x^2}}$$

例 8　证明 $(\arctan x)'=\frac{1}{1+x^2}$.

证明　函数 $x=\tan y$ 在区间 $\left(-\frac{\pi}{2},\ \frac{\pi}{2}\right)$ 内严格单调增加、可导，且 $x'_y=(\tan y)'=\sec^2 y>0$. 因此函数 $y=\arctan x$ 在对应区间（$-\infty$，$+\infty$）内也可导，且有
$$(\arctan x)'=\frac{1}{(\tan y)'}=\frac{1}{\sec^2 y}=\frac{1}{1+\tan^2 y}=\frac{1}{1+x^2}$$

同理可得
$$(\operatorname{arccot} x)'=-\frac{1}{1+x^2}$$

2.2.3　复合函数的求导法则

法则 2.3　设函数 $u=\varphi(x)$ 在点 x 处可导，而函数 $y=f(u)$ 在对应的点 u 处可导，

则复合函数 $y=f(\varphi(x))$ 在点 x 处可导，且

$$\frac{\mathrm{d}y}{\mathrm{d}x}=\frac{\mathrm{d}y}{\mathrm{d}u}\cdot\frac{\mathrm{d}u}{\mathrm{d}x} \quad \text{或} \quad y'_x=y'_u\cdot u'_x$$

或记作
$$[f(\varphi(x))]'=f'(u)\varphi'(x)=f'(\varphi(x))\varphi'(x)$$

证明 因为 $y=f(u)$ 在点 u 处可导，所以$\lim\limits_{\Delta u\to 0}\frac{\Delta y}{\Delta u}$存在.

从而
$$\frac{\Delta y}{\Delta u}=\frac{\mathrm{d}y}{\mathrm{d}u}+o(\Delta u)$$

即
$$\Delta y=\frac{\mathrm{d}y}{\mathrm{d}u}\Delta u+o(\Delta u)\cdot\Delta u$$

进而有
$$\frac{\Delta y}{\Delta x}=\frac{\mathrm{d}y}{\mathrm{d}u}\cdot\frac{\Delta u}{\Delta x}+o(\Delta u)\cdot\frac{\Delta u}{\Delta x}$$

因为 $u=\varphi(x)$ 在点 x 处可导，所以 $u=\varphi(x)$ 在点 x 处必连续，即$\lim\limits_{\Delta x\to 0}\frac{\Delta u}{\Delta x}=\frac{\mathrm{d}u}{\mathrm{d}x}$存在，且当 $\Delta x\to 0$ 时，$\Delta u\to 0$，$o(\Delta u)\to 0$.

所以
$$\lim_{\Delta x\to 0}\frac{\Delta y}{\Delta x}=\frac{\mathrm{d}y}{\mathrm{d}u}\cdot\lim_{\Delta x\to 0}\frac{\Delta u}{\Delta x}$$

即
$$\frac{\mathrm{d}y}{\mathrm{d}x}=\frac{\mathrm{d}y}{\mathrm{d}u}\cdot\frac{\mathrm{d}u}{\mathrm{d}x}$$

法则 2.3 表明，复合函数的导数等于函数对中间变量的导数乘以中间变量对自变量的导数. 此法则称为复合函数求导的链式法则.

对由多个可导函数复合而成的复合函数进行求导运算时，此法则同样也适用. 例如，设函数 $v=\psi(x)$ 在点 x 处可导，函数 $u=\varphi(v)$ 在对应点 $v=\psi(x)$ 处可导，$y=f(u)$在对应点 $u=\varphi(v)$ 处可导，则复合函数 $y=f(\varphi(\psi(x)))$ 在点 x 处可导，且

$$\frac{\mathrm{d}y}{\mathrm{d}x}=\frac{\mathrm{d}y}{\mathrm{d}u}\cdot\frac{\mathrm{d}u}{\mathrm{d}v}\cdot\frac{\mathrm{d}v}{\mathrm{d}x} \quad \text{或} \quad y'_x=y'_u\cdot u'_v\cdot v'_x$$

例 9 设 $y=5\sin(2x+1)$，求 y'.

解 $y=5\sin(2x+1)$ 可看作是由 $y=5\sin u$，$u=2x+1$ 复合而成，因此

$$\frac{\mathrm{d}y}{\mathrm{d}x}=\frac{\mathrm{d}y}{\mathrm{d}u}\cdot\frac{\mathrm{d}u}{\mathrm{d}x}=5\cos u\cdot(2x+1)'=10\cos(2x+1)$$

例 10 设 $y=\left(2x+\frac{1}{x}\right)^4$，求 y'.

解 令 $y=u^4$，$u=2x+\frac{1}{x}$，则

$$\frac{\mathrm{d}y}{\mathrm{d}x}=\frac{\mathrm{d}y}{\mathrm{d}u}\cdot\frac{\mathrm{d}u}{\mathrm{d}x}=4u^3\cdot\left(2x+\frac{1}{x}\right)'=4\left(2x+\frac{1}{x}\right)^3\left(2-\frac{1}{x^2}\right)$$

运用复合函数的求导法则时关键要把复合函数的复合过程搞清楚. 一般情形下，对复合函数进行求导后，都要把引进的中间变量代换成含原来的自变量的式子. 在能够熟练运用复合函数求导法则后，可以不写中间变量，只要心中明确对哪个变量求导就可以了.

例 11　设 $y=\cos(\sqrt{1+\ln x})$，求 y'.

解　$y'=(\cos\sqrt{1+\ln x})'=-\sin\sqrt{1+\ln x}(\sqrt{1+\ln x})'$

$$=-\sin\sqrt{1+\ln x}\,\frac{1}{2\sqrt{1+\ln x}}(1+\ln x)'$$

$$=-\sin\sqrt{1+\ln x}\,\frac{1}{2\sqrt{1+\ln x}}\cdot\frac{1}{x}=-\frac{\sin\sqrt{1+\ln x}}{2x\sqrt{1+\ln x}}$$

例 12　设 $y=x\sqrt{x^2+\ln x}$，求 y'.

解　$y'=(x)'\sqrt{x^2+\ln x}+x(\sqrt{x^2+\ln x})'$

$$=\sqrt{x^2+\ln x}+\frac{x}{2\sqrt{x^2+\ln x}}(x^2+\ln x)'$$

$$=\sqrt{x^2+\ln x}+\frac{x}{2\sqrt{x^2+\ln x}}\left(2x+\frac{1}{x}\right)$$

$$=\frac{4x^2+2\ln x+1}{2\sqrt{x^2+\ln x}}$$

习题 2.2

1. 求下列函数的导数.

(1) $y=x^4+\frac{2}{x^2}+\frac{1}{\sqrt{x}}+12$；

(2) $y=5x^3-2^x+3e^x$；

(3) $y=\frac{3x^5-x^2+1}{\sqrt{x}}$；

(4) $y=2\tan x+\sec x-1$；

(5) $y=x^2\sin x$；

(6) $y=\sin x\cdot\cos x$；

(7) $y=\frac{e^x}{x^2}+\ln 3$；

(8) $y=\frac{\sin x}{x}$；

(9) $y=\arcsin x+\arccos x$；

(10) $y=x^2\ln x\cos x$.

2. 求下列函数在给定点的导数.

(1) $y=\sin x+\cos x$，求 $y'|_{x=\frac{\pi}{6}}$，$y'|_{x=\frac{\pi}{4}}$；

(2) $\rho=\theta\tan\theta+\frac{1}{2}\sin\theta$，求 $\left.\frac{d\rho}{d\theta}\right|_{\theta=\frac{\pi}{4}}$.

3. 求下列函数的导数.

(1) $y=(2x^2+1)^5$；

(2) $y=\cos(4x-x^2)$；

(3) $y=\mathrm{e}^{-4x^2}$；

(4) $y=\ln\sqrt{1+x^2}$；

(5) $y=\ln\cos(x+1)$；

(6) $y=\arccos\dfrac{1}{x}$；

(7) $y=\sqrt{a^2-x^2}$；

(8) $y=\tan x^2$；

(9) $y=\arcsin\sqrt{x}$；

(10) $y=\mathrm{e}^{\arctan\sqrt{x}}$；

(11) $y=\arctan\dfrac{x+1}{x-1}$；

(12) $y=2^{\sin 3x}$.

2.3 高阶导数

在变速直线运动中，速度函数 $v=v(t)$ 是位移函数 $s=s(t)$ 对时间 t 的导数即 $v=\dfrac{\mathrm{d}s}{\mathrm{d}t}$，而加速度 a 又是速度函数 $v=v(t)$ 对时间 t 的导数即 $a=\dfrac{\mathrm{d}v}{\mathrm{d}t}$，所以 $a=\dfrac{\mathrm{d}}{\mathrm{d}t}\left(\dfrac{\mathrm{d}s}{\mathrm{d}t}\right)$，此时称 a 为 s 对 t 的**二阶导数**，记作$\dfrac{\mathrm{d}^2s}{\mathrm{d}t^2}$或者 s''.

一般地，函数 $y=f(x)$ 的导数 $y'=f'(x)$ 仍是 x 的函数，如果导数 $f'(x)$ 仍可导，则称 $f'(x)$ 的导数为函数 $y=f(x)$ 的**二阶导数**，记作

$$y'' \quad 或 \quad f''(x) \quad 或 \quad \frac{\mathrm{d}^2y}{\mathrm{d}x^2} \quad 或 \quad \frac{\mathrm{d}^2f}{\mathrm{d}x^2}$$

这时，也称函数 $y=f(x)$ 二阶可导，按照导数的定义，二阶导数可用极限表示如下：

$$f''(x)=\lim_{\Delta x\to 0}\frac{\Delta y'}{\Delta x}=\lim_{\Delta x\to 0}\frac{f'(x+\Delta x)-f'(x)}{\Delta x}$$

函数 $y=f(x)$ 在某具体点 x_0 处的二阶导数可记作

$$y''\big|_{x=x_0} \quad 或 \quad f''(x_0) \quad 或 \quad \left.\frac{\mathrm{d}^2y}{\mathrm{d}x^2}\right|_{x=x_0} \quad 或 \quad \left.\frac{\mathrm{d}^2f}{\mathrm{d}x^2}\right|_{x=x_0}$$

仿上，将函数 $y=f(x)$ 的二阶导数 $f''(x)$ 的导数称为函数 $y=f(x)$ 的**三阶导数**，记作

$$y''' \quad 或 \quad f'''(x) \quad 或 \quad \frac{\mathrm{d}^3y}{\mathrm{d}x^3} \quad 或 \quad \frac{\mathrm{d}^3f}{\mathrm{d}x^3}$$

依此类推，函数 $y=f(x)$ 的 $n-1$ 阶导数 $f^{(n-1)}(x)$ 的导数称为 $y=f(x)$ 的 **n 阶导数**，记作

$$y^{(n)} \quad 或 \quad f^{(n)}(x) \quad 或 \quad \frac{\mathrm{d}^ny}{\mathrm{d}x^n} \quad 或 \quad \frac{\mathrm{d}^nf}{\mathrm{d}x^n}$$

通常把二阶及二阶以上的导数统称为**高阶导数**，称 $f'(x)$ 为**一阶导数**. 根据高阶导数

的定义可以看出，求函数的高阶导数就是应用一阶导数的求导法则对导函数逐次求导.

例 1　设 $y=\mathrm{e}^{-x}\sin 2x$，求 y''.

解　$y'=-\mathrm{e}^{-x}\sin 2x+\mathrm{e}^{-x}\cdot 2\cos 2x$

$=\mathrm{e}^{-x}(2\cos 2x-\sin 2x)$

$y''=-\mathrm{e}^{-x}(2\cos 2x-\sin 2x)+\mathrm{e}^{-x}(-4\sin 2x-2\cos 2x)$

$=-\mathrm{e}^{-x}(4\cos 2x+3\sin 2x)$

例 2　设 $s=A\sin(\omega t+\varphi)$，求 $\dfrac{\mathrm{d}^2 s}{\mathrm{d}t^2}$.

解　$\dfrac{\mathrm{d}s}{\mathrm{d}t}=A\omega\cos(\omega t+\varphi)$，$\dfrac{\mathrm{d}^2 s}{\mathrm{d}t^2}=-A\omega^2\sin(\omega t+\varphi)$

例 3　证明：函数 $y=\dfrac{1}{4}x(x-1)\mathrm{e}^{2x}$ 满足关系式 $y''-2y'=x\mathrm{e}^{2x}$.

证明　$y'=\dfrac{1}{2}x^2\mathrm{e}^{2x}-\dfrac{1}{4}\mathrm{e}^{2x}$，$y''=\left(x^2+x-\dfrac{1}{2}\right)\mathrm{e}^{2x}$

$$\text{左边}=\left(x^2+x-\frac{1}{2}\right)\mathrm{e}^{2x}-x^2\mathrm{e}^{2x}+\frac{1}{2}\mathrm{e}^{2x}$$

$$=x\mathrm{e}^{2x}=\text{右边}$$

于是得证.

例 4　设 $y=a_0x^n+a_1x^{n-1}+a_2x^{n-2}+\cdots+a_n$，求 $y^{(n)}$.

解　$y'=na_0x^{n-1}+(n-1)a_1x^{n-2}+(n-2)a_2x^{n-3}+\cdots+a_{n-1}$

$y''=n(n-1)a_0x^{n-2}+(n-1)(n-2)a_1x^{n-3}+(n-2)(n-3)a_2x^{n-3}+\cdots+2a_{n-2}$

$y'''=n(n-1)(n-2)a_0x^{n-3}+(n-1)(n-2)(n-3)a_1x^{n-4}+\cdots+3a_{n-3}$

$\vdots$

$y^{(n)}=n!a_0$

从求解过程可以看出，对于 n 次多项式函数，每求一次导数，则降一次幂，当 $k>n$ 时，$y^{(k)}=0$.

例 5　求 $y=\sin x$ 的 n 阶导数 $y^{(n)}$.

解

$$y'=\cos x=\sin\left(x+\frac{\pi}{2}\right)$$

$$y''=\cos\left(x+\frac{\pi}{2}\right)=\sin\left(x+2\cdot\frac{\pi}{2}\right)$$

$$y'''=\cos\left(x+2\cdot\frac{\pi}{2}\right)=\sin\left(x+3\cdot\frac{\pi}{2}\right)$$

$$\vdots$$

$$y^{(n)}=\sin\left(x+n\cdot\frac{\pi}{2}\right)$$

即 $$(\sin x)^{(n)}=\sin\left(x+n\cdot\frac{\pi}{2}\right)$$

例 6 求 $y=a^x$ 的 n 阶导数 $y^{(n)}$.

解

$$y'=a^x\cdot\ln a$$

$$y''=(a^x)'\cdot\ln a=a^x\cdot(\ln a)^2$$

$$y'''=(a^x)'\cdot(\ln a)^2=a^x\cdot(\ln a)^3$$

$$\vdots$$

$$y^{(n)}=a^x\cdot(\ln a)^n$$

即 $$(a^x)^{(n)}=a^x\cdot(\ln a)^n$$

特别地 $$(\mathrm{e}^x)^{(n)}=\mathrm{e}^x$$

例 7 设 $y=\ln(1+x)$，求 $y^{(n)}$.

解

$$y'=\frac{1}{1+x}$$

$$y''=-\frac{1}{(1+x)^2}$$

$$y'''=\frac{1\cdot 2}{(1+x)^3}$$

$$\vdots$$

$$y^{(n)}=(-1)^{n-1}\frac{(n-1)!}{(1+x)^n}$$

即 $$[\ln(1+x)]^{(n)}=(-1)^{n-1}\frac{(n-1)!}{(1+x)^n}$$

习题 2.3

1. 求下列函数的二阶导数.

(1) $y=(x^3+1)^2$；

(2) $y=(1+x)(1+2x)(1+3x)$；

(3) $y=\dfrac{1}{\sqrt{x^2+1}}$；

(4) $y=x\mathrm{e}^{x^2}$；

(5) $y=\mathrm{e}^x\cos x$；

(6) $y=\ln\left(x+\sqrt{1+x^2}\right)$.

2. 在下列各题中求 $f''(x_0)$.

(1) $f(x)=(x+10)^3$，$x_0=1$；

(2) $f(x)=\ln\dfrac{1+x}{1-x}$，$x_0=0$；

(3) $f(x)=\cos(\sin x)$，$x_0=-\pi$；　　(4) $f(x)=(x^2+a^2)\arctan\dfrac{x}{a}$，$x_0=1$.

3. 验证函数 $y=e^x\sin x$ 满足关系式

$$y''-2y'+2y=0.$$

4. 设 $f''(x)$ 存在，求下列函数的二阶导数.

(1) $y=f^2(x)$；　　(2) $y=\cos[2f(x)]$.

2.4　隐函数的导数及参数方程所确定的函数的导数

2.4.1　隐函数的导数

前面讨论的函数都可以表示成 $y=f(x)$ 的形式，其中 $f(x)$ 由 x 的解析式表示，这种形式的函数称为显函数.

除了显函数以外，有时会遇到另一种表示形式的函数. 例如，在方程 $x^2+y^3=1$ 中，x 在 $(-\infty, +\infty)$ 内任取一值，相应地就有一个满足方程的 y 与之对应，这就是说方程 $x^2+y^3=1$ 确定了一个以 x 为自变量的函数 y. 这种由方程 $F(x, y)=0$ 所确定的函数被称为隐函数.

求解方程 $x^2+y^3=1$ 可以得到 $y=\sqrt[3]{1-x^2}$，从而将隐函数化成了显函数，这个过程叫作隐函数显化. 有些隐函数可以显化，有些则很难甚至不可能显化. 例如，开普勒方程 $y-x-\varepsilon\sin y=0$ $(0<\varepsilon<1)$ 所确定的隐函数就不能显化. 在实际问题中，有时需要计算隐函数的导数，无论隐函数能否被显化，都希望能直接由方程 $F(x, y)=0$ 计算出由它确定的隐函数的导数. 下面就给出隐函数的求导方法.

在方程两边同时关于自变量 x 求导，遇到 y 就把它看成 x 的函数，并利用复合函数的求导法则对其进行求导，得到含有 y' 的方程，从方程中求出 y'，就得到所求隐函数的导数.

例 1　设 $y=y(x)$ 由 $e^x+x=e^y+xy$ 确定，求 y'.

解　在方程两边关于 x 求导，把 y 看作是 x 的函数，则方程两边的导数相等，所以

$$e^x+1=e^y\cdot y'+y+xy'$$

解上述方程得

$$y'=\frac{e^x+1-y}{e^y+x}$$

例 2　设 $xe^y-y+1=0$，求 $\dfrac{dy}{dx}$，$\left.\dfrac{dy}{dx}\right|_{x=0}$，$\dfrac{d^2y}{dx^2}$.

解　在方程 $xe^y-y+1=0$ 两边同时关于 x 求导，把 y 看作是 x 的函数，得

$$e^y+xe^y\frac{dy}{dx}-\frac{dy}{dx}=0$$

解得

$$\frac{dy}{dx}=\frac{e^y}{1-xe^y}=\frac{e^y}{2-y}$$

将 $x=0$ 代入方程 $xe^y-y+1=0$，得 $y=1$. 所以

$$\left.\frac{dy}{dx}\right|_{x=0}=\left.\frac{dy}{dx}\right|_{\substack{x=0\\y=1}}=\left.\frac{e^y}{2-y}\right|_{\substack{x=0\\y=1}}=e$$

在 $\frac{dy}{dx}=\frac{e^y}{2-y}$ 两边再同时关于 x 求导，得

$$\frac{d^2y}{dx^2}=\frac{d}{dx}\left(\frac{dy}{dx}\right)=\frac{d}{dx}\left(\frac{e^y}{2-y}\right)=\frac{e^y\frac{dy}{dx}\cdot(2-y)-e^y\left(-\frac{dy}{dx}\right)}{(2-y)^2}$$

$$=\frac{e^y\cdot\frac{e^y}{2-y}\cdot(2-y)-e^y\left(-\frac{e^y}{2-y}\right)}{(2-y)^2}=\frac{e^{2y}(3-y)}{(2-y)^3}$$

例 3 如图 2-3 所示，求椭圆 $\frac{x^2}{9}+\frac{y^2}{4}=1$ 在点 $P\left(1,\ \frac{4\sqrt{2}}{3}\right)$ 处的切线方程.

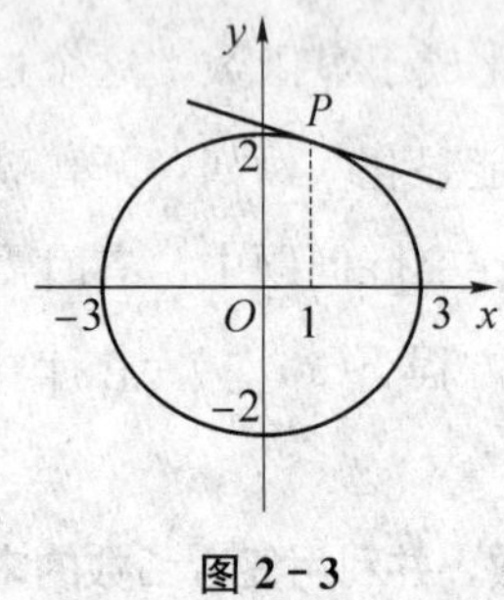

图 2-3

解 在方程两边同时关于 x 求导，得

$$\frac{2x}{9}+\frac{2yy'}{4}=0$$

$$y'=-\frac{4x}{9y}$$

将 $P\left(1,\ \frac{4\sqrt{2}}{3}\right)$ 代入，得所求切线斜率

$$k=-\left.\frac{4x}{9y}\right|_{\substack{x=1\\y=\frac{4\sqrt{2}}{3}}}=-\frac{4\times1}{9\times\frac{4\sqrt{2}}{3}}=-\frac{\sqrt{2}}{6}$$

则切线方程为

$$y-\frac{4\sqrt{2}}{3}=-\frac{\sqrt{2}}{6}(x-1)$$

即

$$x+3\sqrt{2}y-9=0$$

2.4.2 幂指函数的求导与对数求导法

所谓幂指函数是指形如 $y=f(x)^{g(x)}$（$f(x)$ 大于 0 且不等于 1）的函数，求这类函

数的导数时，既不能用幂函数的求导公式，也不能用指数函数的求导公式. 解决幂指函数求导运算问题的途径有以下两条.

1）指数恒等变形法

先将幂指函数 $y=f(x)^{g(x)}$ 化为：

$$y=f(x)^{g(x)}=\mathrm{e}^{\ln f(x)^{g(x)}}=\mathrm{e}^{g(x)\ln f(x)}$$

然后再按复合函数求导法则求导即可.

2）两边取对数求导法

这种方法是通过将幂指函数 $y=f(x)^{g(x)}$ 两边取对数转化为

$$\ln y=\ln f(x)^{g(x)}=g(x)\ln f(x)$$

再按隐函数求导法则求导即可，求导时记住 y 是 x 的函数，且 $y=f(x)^{g(x)}$.

例 4 设 $y=x^{\tan x}$，求 y'.

解法一 函数 $y=x^{\tan x}$ 为幂指函数，将等式两边取对数，得

$$\ln y=\ln x^{\tan x}=\tan x\ln x$$

上式两边关于 x 求导数，得

$$\frac{1}{y}y'=\sec^2 x\ln x+\tan x\cdot\frac{1}{x}$$

解出 y' 得

$$y'=y\left(\sec^2 x\ln x+\frac{\tan x}{x}\right)=x^{\tan x}\left(\sec^2 x\ln x+\frac{\tan x}{x}\right)$$

解法二 利用对数恒等式和复合函数的求导法则.

因为 $y=x^{\tan x}=\mathrm{e}^{\ln x^{\tan x}}=\mathrm{e}^{\tan x\ln x}$，所以

$$y'=(x^{\tan x})'=\mathrm{e}^{\tan x\ln x}\left(\sec^2 x\ln x+\frac{\tan x}{x}\right)=x^{\tan x}\left(\sec^2 x\ln x+\frac{\tan x}{x}\right)$$

例 5 设 $y=x\sqrt[3]{\dfrac{x-1}{(x-2)(x-3)^2}}$，求 y'.

解 两边取对数，得

$$\ln y=\ln x+\frac{1}{3}\ln(x-1)-\frac{1}{3}\ln(x-2)-\frac{2}{3}\ln(x-3)$$

上式两边关于 x 求导数，得

$$\frac{1}{y}y'=\frac{1}{x}+\frac{1}{3(x-1)}-\frac{1}{3(x-2)}-\frac{2}{3(x-3)}$$

解方程，得

$$y'=x\sqrt[3]{\frac{x-1}{(x-2)(x-3)^2}}\left[\frac{1}{x}+\frac{1}{3(x-1)}-\frac{1}{3(x-2)}-\frac{2}{3(x-3)}\right]$$

2.4.3 参数方程所确定的函数的导数

前面讨论了由显函数 $y=f(x)$ 或隐函数 $F(x, y)=0$ 给出的函数关系的导数问题. 但在研究物体运动轨迹时，曲线常被看作是质点运动的轨迹，动点 $M(x, y)$ 的位置随时间 t 变化，因此，动点的横、纵坐标可分别用含时间 t 的函数表示，即

$$\begin{cases} x=\varphi(t) \\ y=\phi(t) \end{cases}$$

变量 x，y 之间的关系通过 t 发生联系，消去 t 即得 y 与 x 之间的确定的显性函数关系 $y=f(x)$，上述这种通过第三个变量（t）表示函数关系的方程叫参数方程.

对于参数方程所确定的函数的求导问题，通常并不需要先消去参数 t 而将参数方程化为 y 与 x 之间的直接的显性函数关系 $y=f(x)$ 后再求导.

如果函数 $x=\varphi(t)$，$y=\phi(t)$ 都可导，且 $\varphi'(t)\neq 0$，则

$$\frac{\mathrm{d}y}{\mathrm{d}x}=\frac{\frac{\mathrm{d}y}{\mathrm{d}t}}{\frac{\mathrm{d}x}{\mathrm{d}t}}=\frac{\phi'(t)}{\varphi'(t)}$$

例 6 求曲线 $\begin{cases} x=\mathrm{e}^t\cos t \\ y=\mathrm{e}^t\sin t \end{cases}$ 在对应于 $t=0$ 处的切线方程.

解 当 $t=0$ 时，曲线相应点 M_0 的坐标是 $x_0=1$，$y_0=0$.

曲线在点 M_0 处的切线斜率为

$$\left.\frac{\mathrm{d}y}{\mathrm{d}x}\right|_{M_0}=\left.\frac{\frac{\mathrm{d}y}{\mathrm{d}t}}{\frac{\mathrm{d}x}{\mathrm{d}t}}\right|_{t=0}=\left.\frac{\mathrm{e}^t(\cos t+\sin t)}{\mathrm{e}^t(\cos t-\sin t)}\right|_{t=0}=1$$

所以曲线在点 M_0 处的切线方程为

$$y=x-1$$

例 7 已知摆线的参数方程为 $\begin{cases} x=t-\sin t \\ y=1-\cos t \end{cases}$ $(0\leqslant t\leqslant 2\pi)$，求 $\frac{\mathrm{d}y}{\mathrm{d}x}$，$\frac{\mathrm{d}^2y}{\mathrm{d}x^2}$.

解 $\frac{\mathrm{d}y}{\mathrm{d}x}=\frac{\frac{\mathrm{d}y}{\mathrm{d}t}}{\frac{\mathrm{d}x}{\mathrm{d}t}}=\frac{\sin t}{1-\cos t}=\cot\frac{t}{2}$

$$\frac{\mathrm{d}^2y}{\mathrm{d}x^2}=\frac{\mathrm{d}}{\mathrm{d}x}\left(\frac{\mathrm{d}y}{\mathrm{d}x}\right)=\frac{\mathrm{d}}{\mathrm{d}t}\left(\cot\frac{t}{2}\right)\cdot\frac{1}{\frac{\mathrm{d}x}{\mathrm{d}t}}$$

$$=-\frac{1}{2}\csc^2\frac{t}{2}\cdot\frac{1}{1-\cos t}=-\frac{1}{4}\csc^4\frac{t}{2}$$

习题 2.4

1. 求由下列方程所确定的隐函数的导数$\frac{\mathrm{d}y}{\mathrm{d}x}$.

(1) $\mathrm{e}^y=\sin(x+y)$；　　(2) $xy+\ln y=1$.

2. 用对数求导法求下列函数的导数.

(1) $y^x=x^y$；　　(2) $y=(\sin x)^{\cos x}$；

(3) $y=\frac{(2x+3)^4\sqrt{x-6}}{\sqrt[3]{x+1}}$；　　(4) $y=x^5(a+3x)^3(a-2x)^2$.

3. 求由下列参数方程所确定的函数的导数.

(1) $\begin{cases}x=\theta(1-\sin\theta)\\ y=\theta\cos\theta\end{cases}$，求$\frac{\mathrm{d}y}{\mathrm{d}x}$.

(2) $\begin{cases}x=t\ln t\\ y=\frac{\ln t}{t}\end{cases}$，求$\left.\frac{\mathrm{d}y}{\mathrm{d}x}\right|_{t=1}$.

4. 求曲线$\begin{cases}x=\sin t\\ y=\cos 2t\end{cases}$在对应于$t=\frac{\pi}{4}$的点处的切线方程.

2.5　微分及其运算

2.5.1　微分的定义

函数 $y=f(x)$ 在点 x 处的导数 $f'(x)$ 表示该函数在点 x 处的变化率，它是描述函数变化性态的一个局部性概念. 但有时需要计算函数在一点处，当自变量有一个微小的改变量 Δx 时，函数的改变量 Δy 的大小. 而精确计算 $\Delta y=f(x+\Delta x)-f(x)$有时是很困难的，甚至是不可能的，并且在理论研究和实际应用中，往往只需了解 Δy 的近似值就可以了.

那么，如何才能做到既简便又精确地计算函数的改变量 Δy 的近似值呢？下面通过两个具体实例来对此进行分析说明.

引例 1　设正方形的面积为 S，当边长由 x 变到 $x+\Delta x$ 时，面积 S 有相应的改变量 ΔS，如图 2 - 4 所示阴影部分的面积，则

$$\Delta S=(x+\Delta x)^2-x^2=2x\Delta x+(\Delta x)^2 \tag{2-1}$$

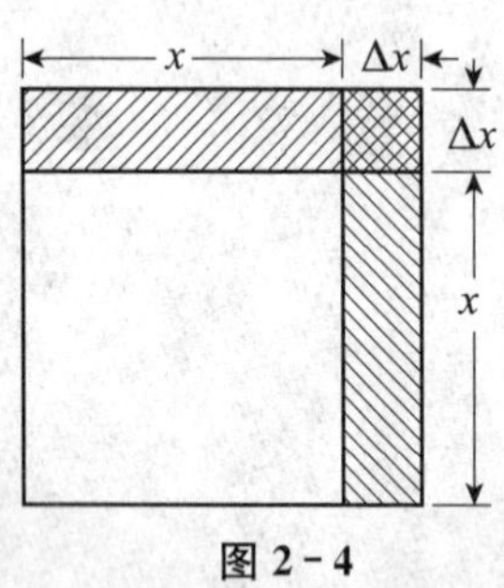

图 2-4

从式（2-1）可以看出，ΔS 分成两部分，第一部分 $2x\Delta x$ 是 Δx 的线性函数，即图中带有斜线的两个矩形面积之和，而第二部分$(\Delta x)^2$ 表示图中带有交叉斜线的小正方形的面积. 当 $\Delta x\to 0$ 时，第二部分$(\Delta x)^2$ 是比 Δx 高阶的无穷小，即$(\Delta x)^2=o(\Delta x)$. 由此可见，如果边长改变很微小，即$|\Delta x|$很小时，面积的改变量 ΔS 可近似地用第一部分来代替. 所以有：

$$\Delta S\approx 2x\Delta x \tag{2-2}$$

由于 $S'=2x$，所以式（2-2）可写成

$$\Delta S\approx S'\Delta x$$

引例 2 作自由落体运动的物体的路程 s 与时间 t 的关系是 $s=\frac{1}{2}gt^2$，当时间从 t 变到 $t+\Delta t$ 时，路程 s 有相应的改变量 Δs，则

$$\Delta s=\frac{1}{2}g(t+\Delta t)^2-\frac{1}{2}gt^2=gt\Delta t+\frac{1}{2}g\,(\Delta t)^2$$

Δs 由两部分组成，第一部分 $gt\Delta t$ 是 Δt 的线性函数，当 $\Delta t\to 0$ 时，它是 Δt 的同阶无穷小，而第二部分$\frac{1}{2}g(\Delta t)^2$ 是比 Δt 高阶的无穷小，因此，当$|\Delta t|$很小时，$\frac{1}{2}g(\Delta t)^2$ 可以忽略不计，这时

$$\Delta s\approx gt\Delta t$$

又因为
$$s'=\left(\frac{1}{2}gt^2\right)'=gt$$

所以路程改变量的近似值为
$$\Delta s\approx s'\Delta t$$

以上两个问题的实际意义虽然不同，但在数量关系上却有共同点：函数的改变量可以表示成两部分，一部分为自变量增量的线性部分，另一部分是当自变量增量趋于零时的比自变量增量高阶的无穷小，且当自变量增量绝对值很小时，函数的增量可以由函数在该点的导数与自变量增量的乘积来近似代替. 为此，引进微分的概念.

定义 2.2 设函数 $y=f(x)$ 在点 x_0 的某邻域内有定义，$x_0+\Delta x$ 也在该邻域内，如果函数的增量 $\Delta y=f(x_0+\Delta x)-f(x_0)$ 可表示为

$$\Delta y=A\Delta x+o(\Delta x)$$

其中 $o(\Delta x)$ 是 Δx 的高阶无穷小，就称函数 $y=f(x)$ 在点 x_0 处可微，称 $A\Delta x$ 为函数 $y=f(x)$ 在点 x_0 处的微分，记为

$$\mathrm{d}y\big|_{x=x_0}=A\mathrm{d}x$$

由微分的定义可知，微分 $\mathrm{d}y$ 是 Δx 的线性函数且满足 $\Delta y-\mathrm{d}y=o(\Delta x)$，因此称

$A\Delta x$ 为 Δy 的**线性主部**.

如果函数 $y=f(x)$ 在点 x_0 处可微，由微分的定义可得：

$$\lim_{\Delta x\to 0}\frac{\Delta y}{\Delta x}=\lim_{\Delta x\to 0}\left[A+\frac{o(\Delta x)}{\Delta x}\right]=A=f'(x_0)$$

这说明：如果函数 $y=f(x)$ 在点 x_0 处可微，则 $y=f(x)$ 在 x_0 处可导，且 $A=f'(x_0)$.

另外，如果函数 $y=f(x)$ 在 x_0 处可导，则有 $\lim\limits_{\Delta x\to 0}\frac{\Delta y}{\Delta x}=f'(x_0)$. 根据极限与无穷小的关系有 $\frac{\Delta y}{\Delta x}=f'(x_0)+\alpha$，且 $\lim\limits_{\Delta x\to 0}\alpha=0$，从而有

$$\Delta y=f'(x_0)\Delta x+\alpha\Delta x$$

这里 $\alpha\Delta x$ 是比 Δx 高阶的无穷小，因此，函数 $y=f(x)$ 在点 x_0 处可微. 由此得到如下定理.

定理 2.3　函数 $y=f(x)$ 在点 x_0 处可微的充分必要条件是函数 $y=f(x)$ 在点 x_0 处可导，且满足 $\mathrm{d}y|_{x=x_0}=f'(x_0)\mathrm{d}x$.

一元函数的可导与可微是等价的，且由 $\mathrm{d}y=f'(x)\cdot\mathrm{d}x$ 有

$$f'(x)=\frac{\mathrm{d}y}{\mathrm{d}x}$$

由 $\mathrm{d}y|_{x=x_0}=f'(x_0)\cdot\mathrm{d}x$，有

$$f'(x_0)=\left.\frac{\mathrm{d}y}{\mathrm{d}x}\right|_{x=x_0}$$

因此，导数 $\frac{\mathrm{d}y}{\mathrm{d}x}$ 可以看作微分 $\mathrm{d}y$ 与 $\mathrm{d}x$ 的商，故**导数有时也称为微商**，即函数在某点的导数等于因变量的微分除以自变量的微分.

函数 $y=f(x)$ 在任意点 x 处的微分称为**函数的微分**，记作 $\mathrm{d}y$ 或者 $\mathrm{d}f(x)$.

> 注意：微分与导数虽然有着密切的联系，但它们是有区别的：导数是函数在一点处的变化率，导数的值只与 x 有关；而微分是函数在一点处由自变量改变量所引起的函数改变量的近似值，微分的值与 x 和 Δx 都有关.

例 1　设 $y=x^2-x$，求当 $x_0=2$，$\Delta x=0.01$ 时的 Δy，$\mathrm{d}y$ 及 $\Delta y-\mathrm{d}y$.

解　因为 $y'=2x-1$，所以当 $x_0=2$，$\Delta x=0.01$ 时，$y'|_{x=2}=3$.

$$\begin{aligned}\Delta y&=f(2+\Delta x)-f(2)\\&=(2+\Delta x)^2-(2+\Delta x)-2\end{aligned}$$

$$= 3\Delta x + (\Delta x)^2 = 0.0301$$

$$\mathrm{d}y = y'|_{x=2} \cdot \Delta x = 3 \times 0.01 = 0.03$$

$$\Delta y - \mathrm{d}y = 0.0001$$

例 2 求函数 $y=x^2+\ln x$ 的微分.

解 由于 $y'=2x+\dfrac{1}{x}$，所以 $\mathrm{d}y=\left(2x+\dfrac{1}{x}\right)\mathrm{d}x$.

2.5.2 微分的几何意义

函数 $y=f(x)$ 的图像如图 2-5 所示，过曲线上点 $M(x, y)$ 的切线为 MT，它的倾斜角为 φ，则

$$\tan \varphi = f'(x)$$

当自变量 x 有增量 Δx 时，即由 N 点变化到 N' 点时，函数便得到增量 $\Delta y=QM'$，同时切线上的纵坐标也得到对应的增量 QP.

$$QP = \tan \varphi \cdot \Delta x = f'(x)\Delta x = \mathrm{d}y$$

因此，函数 $y=f(x)$ 在点 x 处的微分的几何意义就是曲线 $y=f(x)$ 在点 $M(x, y)$ 处的切线 MT 上的纵坐标的增量 QP.

由图 2-5 可知，函数的微分可能小于函数的增量，也可能大于函数的增量.

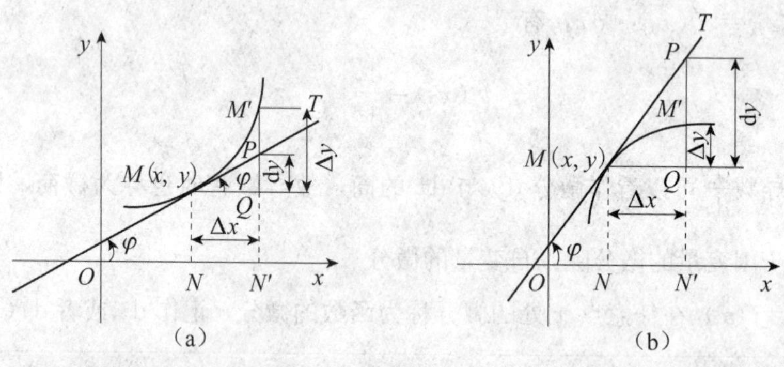

图 2-5

2.5.3 微分的基本公式和运算法则

因为 $\mathrm{d}y=f'(x)\mathrm{d}x$，由导数的基本公式和运算法则可以容易推出微分的基本公式和运算法则.

1. 基本初等函数的微分公式

基本初等函数的微分公式如表 2-1 所示。

表 2-1　基本初等函数的微分公式

$\mathrm{d}C=0$（C 为常数）	$\mathrm{d}(x^{\mu})=\mu x^{\mu-1}\mathrm{d}x(\mu\in\mathbf{R}^{*})$
$\mathrm{d}(a^{x})=a^{x}\ln a\mathrm{d}x(a>0,\ a\neq1)$	$\mathrm{d}(\mathrm{e}^{x})=\mathrm{e}^{x}\mathrm{d}x$
$\mathrm{d}(\log_{a}x)=\dfrac{1}{x\ln a}\mathrm{d}x(a>0,\ a\neq1)$	$\mathrm{d}(\ln x)=\dfrac{1}{x}\mathrm{d}x$
$\mathrm{d}(\sin x)=\cos x\mathrm{d}x$	$\mathrm{d}(\cos x)=-\sin x\mathrm{d}x$
$\mathrm{d}(\tan x)=\sec^{2}x\mathrm{d}x$	$\mathrm{d}(\cot x)=-\csc^{2}x\mathrm{d}x$
$\mathrm{d}(\sec x)=\sec x\tan x\mathrm{d}x$	$\mathrm{d}(\csc x)=-\csc x\cot x\mathrm{d}x$
$\mathrm{d}(\arcsin x)=\dfrac{1}{\sqrt{1-x^{2}}}\mathrm{d}x$	$\mathrm{d}(\arccos x)=-\dfrac{1}{\sqrt{1-x^{2}}}\mathrm{d}x$
$\mathrm{d}(\arctan x)=\dfrac{1}{1+x^{2}}\mathrm{d}x$	$\mathrm{d}(\mathrm{arccot}\, x)=-\dfrac{1}{1+x^{2}}\mathrm{d}x$

2. 微分的运算法则

若函数 $\mu(x)$，$\varphi(x)$ 可微，则函数 $\mu(x)\pm\varphi(x)$，$\mu(x)\cdot\varphi(x)$，$\dfrac{\mu(x)}{\varphi(x)}(\varphi(x)\neq0)$ 可微且满足：

（1）$\mathrm{d}(\mu\pm\varphi)=\mathrm{d}\mu\pm\mathrm{d}\varphi$；

（2）$\mathrm{d}(\mu\cdot\varphi)=\varphi\mathrm{d}\mu+\mu\mathrm{d}\varphi$；

（3）$\mathrm{d}\left(\dfrac{\mu}{\varphi}\right)=\dfrac{\varphi\mathrm{d}\mu-\mu\mathrm{d}\varphi}{\varphi^{2}}$.

3. 复合函数的运算法则与微分形式不变性

设函数 $y=f(u)$，$u=\varphi(x)$ 均可微，则复合函数 $y=f[\varphi(x)]$ 的微分为

$$\mathrm{d}y=f'(u)\varphi'(x)\mathrm{d}x$$

也可写成

$$\mathrm{d}y=f'[\varphi(x)]\varphi'(x)\mathrm{d}x$$

由于 $\mathrm{d}u=\varphi'(x)\mathrm{d}x$，所以复合函数的微分也可以写成

$$\mathrm{d}y=f'(u)\mathrm{d}u$$

无论 u 是自变量还是中间变量，函数 $y=f(u)$ 的微分 $\mathrm{d}y$ 总可以用 $f'(u)\mathrm{d}u$ 来表示，这一性质称为**微分形式不变性**.

由此可知求复合函数的微分有两种方法：一种是先用复合函数的求导法则求出复合函数对自变量的导数，再乘以自变量的微分；另一种是用微分形式不变性依次地求出微分.

注意：一阶微分形式不变性是对复合函数而言的.

例 3 求 $y=e^{\tan x}$的微分.

解法一 利用复合函数的微分法则，函数 $y=e^{\tan x}$是由 $y=e^u$，$u=\tan x$ 复合而成的复合函数，则

$$dy=(e^u)'_u(\tan x)'_x dx=e^u\sec^2 x dx=e^{\tan x}\sec^2 x dx$$

解法二 可利用微分形式不变性来计算，即

$$dy=(e^u)'du=e^u du$$

又因为
$$du=u'dx=(\tan x)'dx=\sec^2 x dx$$

所以
$$dy=e^u du=e^{\tan x}\sec^2 x dx$$

习题 2.5

1. 已知 $y=x^3-x$，求当 $x_0=2$，Δx 分别等于 1，0.1，0.01 时的 Δy，dy.

2. 求下列函数的微分.

(1) $y=x\sin 2x$；　　(2) $y=x^2e^{2x}$；

(3) $y=(\arctan x)^2-1$；　　(4) $y=\dfrac{\ln x}{\sqrt{x}}$.

3. 求下列隐函数的微分.

(1) $xy+e^y=e^x$；　　(2) $xy^2+x^2y=1$.

第3章　导数的应用

第2章主要介绍了导数和微分的概念，并讨论了它们的计算方法．本章将介绍如何利用导数逐步地研究函数的某些性质、求函数的极值，并应用这些知识描绘函数的图像．这些知识在日常生活、科学实践中有着广泛的应用．

3.1　微分中值定理

微分中值定理是微分学中最重要的定理，它描述了函数与其导数之间的联系，是导数应用的理论基础．本章的很多结果都是建立在微分中值定理的基础上．

3.1.1　罗尔中值定理

观察图3-1所示的连续光滑曲线 $f(x)$ 可以发现，当 $f(a)=f(b)$ 时，在 (a, b) 内总存在 ξ_1 和 ξ_2 使 $f'(\xi_1)=0$，$f'(\xi_2)=0$．因此，有如下定理成立．

定理3.1（罗尔中值定理） 若函数 $f(x)$ 满足下列条件：

(1) 在闭区间 $[a, b]$ 上连续；

(2) 在开区间 (a, b) 内可导；

(3) 在区间 $[a, b]$ 的端点处函数值相等，即 $f(a)=f(b)$．

则在 (a, b) 内至少存在一点 ξ $(a<\xi<b)$，使得 $f'(\xi)=0$．

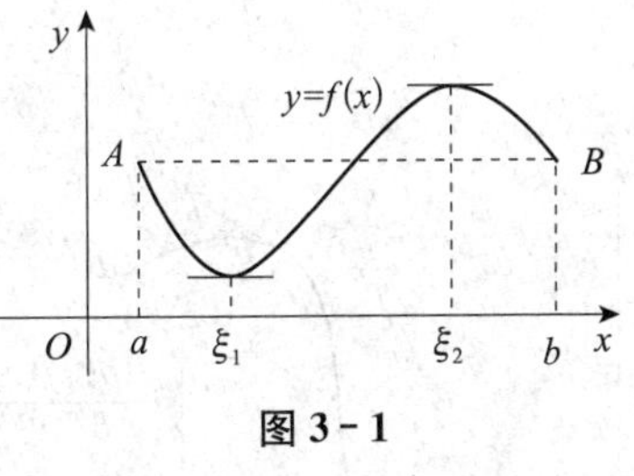

图3-1

证明 因为 $f(x)$ 在闭区间 $[a, b]$ 上连续，它在 $[a, b]$ 上必能取到最大值 M 和最小值 m．

如果 $M=m$，说明 $f(x)$ 在 $[a, b]$ 上为一常数，因此对任意一点 $\xi\in(a, b)$，都有 $f'(\xi)=0$．

如果 $M>m$，则 M 与 m 至少有一个不等于 $f(a)$，不妨设 $m\neq f(a)$，这就是说，在 (a, b) 内至少有一点 ξ，使得 $f(\xi)=m$．由于 $f(\xi)=m$ 是最小值，所以不论 Δx 为正或

为负，都有

$$f(\xi+\Delta x)-f(\xi)\geqslant 0,\ \xi+\Delta x\in(a,\ b)$$

当 $\Delta x>0$ 时，有

$$\frac{f(\xi+\Delta x)-f(\xi)}{\Delta x}\geqslant 0$$

那么

$$f'(\xi)=f'_{+}(\xi)=\lim_{\Delta x\to 0^{+}}\frac{f(\xi+\Delta x)-f(\xi)}{\Delta x}\geqslant 0 \qquad (3-1)$$

当 $\Delta x<0$ 时，有

$$\frac{f(\xi+\Delta x)-f(\xi)}{\Delta x}\leqslant 0$$

那么

$$f'(\xi)=f'_{-}(\xi)=\lim_{\Delta x\to 0^{-}}\frac{f(\xi+\Delta x)-f(\xi)}{\Delta x}\leqslant 0 \qquad (3-2)$$

由式（3－1）和式（3－2），必有 $f'(\xi)=0$.

> 注意：罗尔中值定理中的三个条件是结论成立的充分条件，如果有一个条件不满足，则结论不一定成立.

3.1.2　拉格朗日中值定理

在图 3－1 中，将 AB 弦右端抬高一点，便得到如图 3－2 所示的形状，此时存在切线 $TT'\,/\!/\,AB$，对应的点 $x=\xi$ 处有 $f'(\xi)$ 等于弦 AB 的斜率，即

$$\frac{f(b)-f(a)}{b-a}=f'(\xi) \qquad (3-3)$$

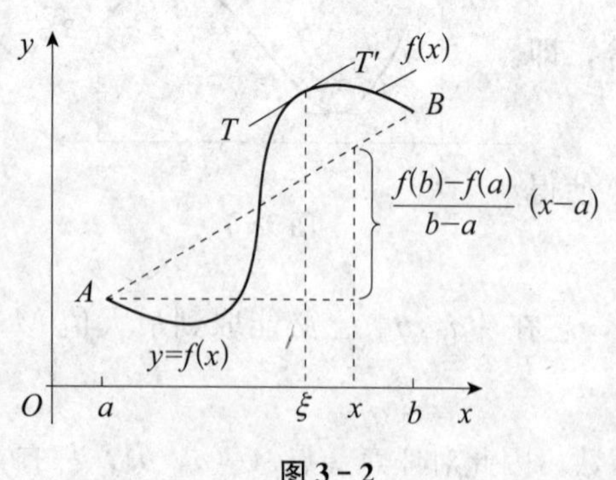

图 3－2

对应地，有如下定理.

定理 3.2（拉格朗日中值定理）　若函数 $f(x)$ 满足下列条件：

（1）在闭区间 $[a,\ b]$ 上连续；

（2）在开区间 $(a,\ b)$ 内可导.

则在 $(a,\ b)$ 内至少存在一点 ξ $(a<\xi<b)$，使得

$$f(b)-f(a)=f'(\xi)(b-a) \qquad (3-4)$$

为了证明这个定理，可设想将 x 点处的函数值 $f(x)$ 减去由于 B 端抬高而引起的增量 $\frac{f(b)-f(a)}{b-a}(x-a)$，函数将恢复到罗尔中值定理的情况，因此作辅助函数

$$\varphi(x)=f(x)-\frac{f(b)-f(a)}{b-a}(x-a)$$

可见 $\varphi(a)=\varphi(b)=f(a)$，而且 $\varphi(x)$ 在 $[a, b]$ 上连续，在 (a, b) 内可导，根据罗尔中值定理，(a, b) 内至少有一点 ξ，使

$$\varphi'(\xi)=0$$

即
$$f'(\xi)-\frac{f(b)-f(a)}{b-a}=0$$

也就是
$$f(b)-f(a)=f'(\xi)(b-a)$$

推论　若对任意 $x\in(a, b)$，有 $f'(x)=0$，则 $f(x)=C$，其中 C 是常数.

证明　在 (a, b) 内任取两点 x_1，x_2 $(x_1<x_2)$，由拉格朗日中值定理可得

$$f(x_2)-f(x_1)=f'(\xi)(x_2-x_1)(x_1<\xi<x_2)$$

由对任意 $x\in(a, b)$ 有 $f'(x)=0$ 知 $f'(\xi)=0$，所以 $f(x_2)-f(x_1)=0$，即

$$f(x_2)=f(x_1)$$

由点 x_1，x_2 的任意性表明：函数 $f(x)$ 在区间 (a, b) 内所有点处的函数值是相等的，即

$$f(x)=C，其中 C 是常数$$

例 1　证明 $\arctan x+\operatorname{arccot} x\equiv\frac{\pi}{2}$.

证明　令 $f(x)=\arctan x+\operatorname{arccot} x$，则

$$f'(x)=\frac{1}{1+x^2}-\frac{1}{1+x^2}=0$$

所以 $f(x)=\arctan x+\operatorname{arccot} x=C$（$C$ 为常数），x 取一个固定值代入，比如取 $x=0$，得

$$f(0)=\arctan 0+\operatorname{arccot} 0=\frac{\pi}{2}$$

由 $f(x)\equiv f(0)$，得

$$\arctan x+\operatorname{arccot} x\equiv\frac{\pi}{2}$$

例 2　证明不等式 $|\arctan y-\arctan x|\leqslant|y-x|$.

证明　记 $f(t)=\arctan t$，在 $[x, y]$ 或 $[y, x]$ 上使用拉格朗日中值定理，得

$$\arctan y-\arctan x=\frac{y-x}{1+\xi^2}，\xi\in(x, y) 或 \xi\in(y, x)$$

所以
$$|\arctan y-\arctan x|=\frac{1}{1+\xi^2}|y-x|\leqslant|y-x|$$

有必要指出，罗尔定理和拉格朗日中值定理的条件若不能得到满足，定理将不再成

立. 例如 $f(x)=|x|$，它在 $[-1,\ 2]$ 上连续，在 $(-1,\ 2)$ 内有不可导点 $x=0$，在 $(-1,\ 2)$ 内不存在点 ξ，使 $f'(\xi)=\dfrac{f(2)-f(-1)}{2-(-1)}$. 还需指出，上述两定理的条件均为充分而非必要条件.

3.1.3 柯西中值定理

考察式（3-3），注意到它是对函数 $\begin{cases} y=f(x) \\ x=x \end{cases}$ 而言的，如果函数形式是 $\begin{cases} y=y(t) \\ x=x(t) \end{cases}$，也许在一定条件下有类比于式（3-3）的式子：

$$\frac{y(b)-y(a)}{x(b)-x(a)}=\frac{y'(\xi)}{x'(\xi)}\left(=\frac{\mathrm{d}y}{\mathrm{d}x}\bigg|_{t=\xi}\right)$$

定理 3.3（柯西中值定理） 如果函数 $f(x)$ 及 $g(x)$ 在闭区间 $[a,\ b]$ 上连续，在开区间 $(a,\ b)$ 内可导，且 $g'(x)$ 在 $(a,\ b)$ 内的每一点处均不为零，那么在 $(a,\ b)$ 内至少有一点 ξ，使等式

$$\frac{f(b)-f(a)}{g(b)-g(a)}=\frac{f'(\xi)}{g'(\xi)} \tag{3-5}$$

成立.

证明 仿照拉格朗日中值定理的证明，构造一个辅助函数

$$\psi(x)=f(x)-\frac{f(b)-f(a)}{g(b)-g(a)}[g(x)-g(a)]$$

易见 $\psi(x)$ 满足罗尔中值定理的三个条件，所以至少存在一点 $\xi\in(a,\ b)$，使 $\psi'(\xi)=0$.

即
$$f'(\xi)-\frac{f(b)-f(a)}{g(b)-g(a)}\cdot g'(\xi)=0$$

于是
$$\frac{f(b)-f(a)}{g(b)-g(a)}=\frac{f'(\xi)}{g'(\xi)}$$

习题 3.1

1. 填空题.

(1) 函数 $f(x)=x^4$ 在区间 $[1,\ 2]$ 上满足拉格朗日中值定理，则 $\xi=$________.

(2) 设 $f(x)=(x-1)(x-2)(x-3)(x-4)$，则方程 $f'(x)=0$ 有________个根，它们分别在区间________上.

(3) 罗尔定理和拉格朗日中值定理之间的关系为________.

(4) 微分中值定理精确地表达了函数在一个区间上的________与函数在这区间内某点处的________

之间的关系.

(5) 如果函数 $f(x)$ 在区间 I 上的导数________，那么该函数在区间 I 上是一个常数.

2. 验证罗尔定理对函数 $f(x)=\sin x$ 在区间 $\left[-\frac{3\pi}{2}, \frac{\pi}{2}\right]$ 上的正确性.

3. 验证拉格朗日中值定理对函数 $y=\arctan x$ 在区间 $[0, 1]$ 上的正确性.

4. 证明等式：$\arcsin x+\arccos x=\frac{\pi}{2}$，$-1\leqslant x\leqslant 1$.

5. 证明不等式：

(1) 当 $x>0$ 时，$\frac{x}{1+x}<\ln(1+x)<x$；

(2) 当 $a>b>0$ 时，$nb^{n-1}(a-b)<a^n-b^n<na^{n-1}(a-b)$.

3.2　洛必达法则

在求函数的极限时，常会遇到两个函数 $f(x)$，$F(x)$ 都是无穷小或都是无穷大的情况，若此时求它们比值的极限，则极限 $\lim\frac{f(x)}{F(x)}$ 可能存在，也可能不存在，通常把这种极限叫作未定式，有 $\frac{0}{0}$ 型、$\frac{\infty}{\infty}$ 型等. 例如，$\lim\limits_{x\to 0}\frac{\sin x}{x}$ 就是 $\frac{0}{0}$ 型未定式，而 $\lim\limits_{x\to+\infty}\frac{\ln x}{x}$ 就是 $\frac{\infty}{\infty}$ 型未定式. 求解 $\frac{0}{0}$ 型未定式或者 $\frac{\infty}{\infty}$ 型未定式时，除了可使用前面讲过的方法外，洛必达法则是另一种简便而又十分有效的方法.

3.2.1　$\frac{0}{0}$ 型未定式

洛必达法则　设函数 $f(x)$，$F(x)$ 满足下列条件：

(1) $\lim\limits_{x\to x_0}f(x)=0$，$\lim\limits_{x\to x_0}F(x)=0$；

(2) $f(x)$ 与 $F(x)$ 在 x_0 的某一去心邻域内可导，且 $F'(x)\neq 0$；

(3) $\lim\limits_{x\to x_0}\frac{f'(x)}{F'(x)}$ 存在（或为无穷大）.

则有

$$\lim_{x\to x_0}\frac{f(x)}{F(x)}=\lim_{x\to x_0}\frac{f'(x)}{F'(x)} \tag{3-6}$$

式（3－6）说明：当 $\lim\limits_{x\to x_0}\frac{f'(x)}{F'(x)}$ 存在时，$\lim\limits_{x\to x_0}\frac{f(x)}{F(x)}$ 也存在且等于 $\lim\limits_{x\to x_0}\frac{f'(x)}{F'(x)}$；当 $\lim\limits_{x\to x_0}\frac{f'(x)}{F'(x)}$ 为无穷大时，$\lim\limits_{x\to x_0}\frac{f(x)}{F(x)}$ 也是无穷大.

这种在一定条件下通过先对分子、分母分别求导再求极限来确定结果的方法称为洛必达法则.

例 1 求$\lim\limits_{x\to 0}\dfrac{\sqrt{1+x}-1}{x}$.

解 $f(x)=\sqrt{1+x}-1$，$g(x)=x$，满足：

(1) $\lim\limits_{x\to 0}f(x)=\lim\limits_{x\to 0}g(x)=0$；

(2) 在 $x_0=0$ 的某去心邻域内，$f'(x)$，$g'(x)$ 都存在，且 $g'(x)=1\neq 0$；

(3) $\lim\limits_{x\to 0}\dfrac{f'(x)}{g'(x)}=\lim\limits_{x\to 0}\dfrac{\dfrac{1}{2\sqrt{1+x}}}{1}=\dfrac{1}{2}$.

由洛必达法则可知：$\lim\limits_{x\to 0}\dfrac{\sqrt{1+x}-1}{x}=\dfrac{1}{2}$.

例 2 求$\lim\limits_{x\to -1}\dfrac{\ln(2+x)}{(x+1)^2}$.

解 这是一个$\dfrac{0}{0}$型未定式，用洛必达法则得

$$\lim_{x\to -1}\frac{\ln(2+x)}{(x+1)^2}=\lim_{x\to -1}\frac{\dfrac{1}{x+2}}{2(x+1)}=\infty$$

例 3 求$\lim\limits_{x\to 0}\dfrac{x-\sin x}{x^3}$.

解 这是$\dfrac{0}{0}$型未定式，用洛必达法则得

$$\lim_{x\to 0}\frac{x-\sin x}{x^3}=\lim_{x\to 0}\frac{1-\cos x}{3x^2}$$

这仍是$\dfrac{0}{0}$型未定式，继续用洛必达法则得

$$\lim_{x\to 0}\frac{1-\cos x}{3x^2}=\lim_{x\to 0}\frac{\sin x}{6x}=\frac{1}{6}$$

对于$\dfrac{\infty}{\infty}$型未定式，有类似的洛必达法则，具体解题方法和上面所述的一样.

例 4 求$\lim\limits_{x\to +\infty}\dfrac{\ln x}{x^n}(n>0)$.

解 $\lim\limits_{x\to +\infty}\dfrac{\ln x}{x^n}=\lim\limits_{x\to +\infty}\dfrac{\dfrac{1}{x}}{nx^{n-1}}=\lim\limits_{x\to +\infty}\dfrac{1}{nx^n}=0$

例 5 求$\lim\limits_{x\to +\infty}\dfrac{x^n}{\mathrm{e}^x}$（$n$ 为正整数).

解　连续使用洛必达法则 n 次，得

$$\lim_{x\to+\infty}\frac{x^n}{e^x}=\lim_{x\to+\infty}\frac{nx^{n-1}}{e^x}=\lim_{x\to+\infty}\frac{n(n-1)x^{n-2}}{e^x}=\cdots=\lim_{x\to+\infty}\frac{n!}{e^x}=0$$

例 4 及例 5 表明，当 $x\to+\infty$时，$\ln x$，x^n，e^x 均为无穷大，但以指数函数 e^x 增加最快，幂函数 x^n 次之，而对数函数 $\ln x$ 增加最慢.

3.2.2　其他类型的未定式

对于 $0\cdot\infty$型未定式，$\infty-\infty$型未定式，1^∞ 型未定式，∞^0 型未定式，在求解时可将它们在形式上适当做些变化，就可化为$\frac{0}{0}$型未定式或$\frac{\infty}{\infty}$型未定式，然后利用洛必达法则.

1. $0\cdot\infty$型未定式

设 $f(x)\to0$，$g(x)\to\infty$，则 $f(x)\cdot g(x)=\dfrac{f(x)}{1/g(x)}$，即将 $0\cdot\infty$型未定式转化为$\frac{0}{0}$型未定式.

2. $\infty-\infty$型未定式

设 $f(x)\to\infty$，$g(x)\to\infty$，则 $f(x)-g(x)=\dfrac{\dfrac{1}{g(x)}-\dfrac{1}{f(x)}}{\dfrac{1}{f(x)g(x)}}$，即将$\infty-\infty$型未定式转化为$\frac{0}{0}$型未定式.

3. 1^∞ 型未定式，0^0 型未定式，∞^0 型未定式

它们都是幂指函数 $f(x)^{g(x)}$ 的形式，可作如下变化：

$$\lim f(x)^{g(x)}=\lim e^{g(x)\cdot\ln f(x)}=e^{\lim g(x)\ln f(x)}$$

这样可将 1^∞ 型未定式，0^0 型未定式，∞^0 型未定式转化为 $0\cdot\infty$型未定式，再转化为$\frac{0}{0}$型未定式或$\frac{\infty}{\infty}$型未定式后就可使用洛必达法则了.

例 6　求 $\lim\limits_{x\to0^+}x^2\ln x$.

解　这是 $0\cdot\infty$型未定式，如果将函数改写成$\dfrac{\ln x}{\dfrac{1}{x^2}}$，原未定式就成为$\frac{\infty}{\infty}$型未定式；如果将函数改写成$\dfrac{x^2}{\dfrac{1}{\ln x}}$，原未定式就成为$\frac{0}{0}$型未定式. 不过将原未定式化成第一种形

式后用洛必达法则计算简单，而化成第二种形式后用洛必达法则计算复杂，根本无法解出，因此我们将其化为$\frac{\infty}{\infty}$型未定式，然后利用洛必达法则进行求解.

$$\lim_{x\to0^+}x^2\ln x=\lim_{x\to0^+}\frac{\ln x}{\frac{1}{x^2}}=\lim_{x\to0^+}\frac{\frac{1}{x}}{\frac{-2}{x^3}}=-\frac{1}{2}\lim_{x\to0^+}x^2=0$$

例 7　求$\lim\limits_{x\to1}\left(\frac{x}{x-1}-\frac{1}{\ln x}\right)$.

解　这是$\infty-\infty$型未定式.

$$\begin{aligned}\lim_{x\to1}\left(\frac{x}{x-1}-\frac{1}{\ln x}\right)&=\lim_{x\to1}\frac{x\ln x-x+1}{(x-1)\ln x}\quad\left(\frac{0}{0}\text{型未定式}\right)\\&=\lim_{x\to1}\frac{\ln x}{\frac{x-1}{x}+\ln x}\\&=\lim_{x\to1}\frac{x\ln x}{x-1+x\ln x}\quad\left(\frac{0}{0}\text{型未定式}\right)\\&=\lim_{x\to1}\frac{1+\ln x}{1+\ln x+1}=\frac{1}{2}\end{aligned}$$

例 8　求$\lim\limits_{x\to0^+}x^{\sin x}$.

解　这是0^0型未定式，通过取对数可将其转化为$0\cdot\infty$型未定式.

$$\begin{aligned}\lim_{x\to0^+}x^{\sin x}&=\lim_{x\to0^+}e^{\ln x^{\sin x}}=\lim_{x\to0^+}e^{\sin x\cdot\ln x}\\&=e^{\lim\limits_{x\to0^+}\frac{\ln x}{\frac{1}{\sin x}}}=e^{\lim\limits_{x\to0^+}\frac{\frac{1}{x}}{-\csc x\cdot\cot x}}=e^{\lim\limits_{x\to0^+}\frac{-1}{\cos x}\lim\limits_{x\to0^+}\frac{\sin^2x}{x}}=e^0=1\end{aligned}$$

例 9　求$\lim\limits_{x\to\frac{\pi}{4}}(\tan x)^{\tan 2x}$.

解　这是1^∞型未定式.

$$\begin{aligned}\lim_{x\to\frac{\pi}{4}}(\tan x)^{\tan 2x}&=\lim_{x\to\frac{\pi}{4}}e^{\ln(\tan x)^{\tan 2x}}=\lim_{x\to\frac{\pi}{4}}e^{\tan 2x\cdot\ln(\tan x)}=e^{\lim\limits_{x\to\frac{\pi}{4}}\tan 2x\cdot\ln(\tan x)}\\&=e^{\lim\limits_{x\to\frac{\pi}{4}}\frac{\ln(\tan x)}{\cot 2x}}=e^{\lim\limits_{x\to\frac{\pi}{4}}\frac{\frac{\sec^2x}{\tan x}}{-2\csc^2 2x}}\\&=e^{\lim\limits_{x\to\frac{\pi}{4}}-\frac{\sin^2 2x}{\sin 2x}}=e^{\lim\limits_{x\to\frac{\pi}{4}}(-\sin 2x)}=e^{-1}\end{aligned}$$

例 10　求$\lim\limits_{x\to\frac{\pi}{2}^-}(\tan x)^{\left(x-\frac{\pi}{2}\right)}$.

解　这是∞^0型未定式，设$y=(\tan x)^{\left(x-\frac{\pi}{2}\right)}$，则$\ln y=\left(x-\frac{\pi}{2}\right)\ln(\tan x)$.

而

$$\lim_{x\to\frac{\pi}{2}^-}\left(x-\frac{\pi}{2}\right)\ln(\tan x)=\lim_{x\to\frac{\pi}{2}^-}\frac{\ln(\tan x)}{\frac{1}{x-\frac{\pi}{2}}}=\lim_{x\to\frac{\pi}{2}^-}\frac{\frac{\sec^2 x}{\tan x}}{\frac{-1}{\left(x-\frac{\pi}{2}\right)^2}}$$

$$=\lim_{x\to\frac{\pi}{2}^-}\frac{-\left(x-\frac{\pi}{2}\right)^2}{\sin x\cos x}=\lim_{x\to\frac{\pi}{2}^-}\frac{1}{\sin x}\lim_{x\to\frac{\pi}{2}^-}\frac{-\left(x-\frac{\pi}{2}\right)^2}{\cos x}$$

$$=1\times\lim_{x\to\frac{\pi}{2}^-}\frac{-2\left(x-\frac{\pi}{2}\right)}{-\sin x}=0$$

所以 $\lim\limits_{x\to\frac{\pi}{2}^-}e^{\left(x-\frac{\pi}{2}\right)\ln(\tan x)}=e^0=1$，即 $\lim\limits_{x\to\frac{\pi}{2}^-}(\tan x)^{\left(x-\frac{\pi}{2}\right)}=1$.

习题 3.2

1. 用洛必达法则求下列极限.

(1) $\lim\limits_{x\to0}\frac{(1+x)^a-1}{x}$；

(2) $\lim\limits_{x\to-1}\frac{\ln(2+x)}{(x+1)^2}$；

(3) $\lim\limits_{x\to2}\frac{x^3-3x^2+4}{x^2-4x+4}$；

(4) $\lim\limits_{x\to\infty}\frac{\sin\frac{2}{x}}{\sin\frac{3}{x}}$；

(5) $\lim\limits_{x\to0^+}\frac{\frac{1}{x}}{\ln x}$；

(6) $\lim\limits_{x\to1}\frac{\cot(x-1)}{\frac{1}{x-1}}$；

(7) $\lim\limits_{x\to\infty}\frac{x^3}{e^{x^2}}$；

(8) $\lim\limits_{x\to0}x\cot 2x$；

(9) $\lim\limits_{x\to0}\left(\frac{1}{x}-\frac{1}{e^x-1}\right)$；

(10) $\lim\limits_{x\to1}x^{\frac{1}{x-1}}$.

2. 验证极限 $\lim\limits_{x\to\infty}\frac{x+\sin x}{x-\sin x}$ 存在，但不能使用洛必达法则求出.

3.3　函数的单调性

在初等数学中我们学过函数单调性的概念，现在利用导数来研究函数的单调性.

由图 3-3(a) 可以看出，如果函数 $y=f(x)$ 在某区间上单调增加，则曲线上各点切线的倾斜角都是锐角，因此它们的斜率 $f'(x)$ 都是正的，即 $f'(x)>0$. 同样，由图 3-3(b) 可以看出，如果函数 $y=f(x)$ 在某区间上单调减少，则曲线上各点切线的倾斜角都是钝角，因此它们的斜率 $f'(x)$ 都是负的，即 $f'(x)<0$. 由此可见，函数的单调性与函数导数的符号有密切的联系.

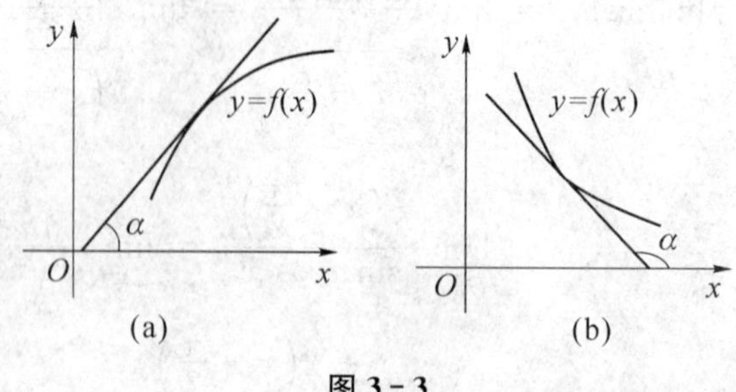

图 3-3

那么，能否用导数的符号来判定函数的单调性呢？下面的定理回答了这个问题.

定理 3.4（函数单调性的判别法） 若函数 $f(x)$ 在闭区间 $[a, b]$ 上连续，在开区间 (a, b) 内可导，那么

(1) 如果在 (a, b) 内 $f'(x)>0$，则 $f(x)$ 在 $[a, b]$ 上单调增加；

(2) 如果在 (a, b) 内 $f'(x)<0$，则 $f(x)$ 在 $[a, b]$ 上单调减少.

证明 在 $[a, b]$ 上任取两点 x_1，x_2（不妨设 $x_1<x_2$），由拉格朗日中值定理可得：

$$f(x_2)-f(x_1)=f'(\xi)(x_2-x_1),\ \xi\in(x_1, x_2)$$

若 $f'(x)>0$，则必有 $f'(\xi)>0$. 又 $x_1<x_2$，则 $x_2-x_1>0$，于是

$$f(x_2)-f(x_1)=f'(\xi)(x_2-x_1)>0$$

即

$$f(x_2)>f(x_1)$$

也就是说函数 $f(x)$ 在 $[a, b]$ 上单调增加.

同理，如果在 (a, b) 内 $f'(x)<0$，则 $f'(\xi)<0$，于是 $f(x_2)-f(x_1)<0$，即 $f(x_2)<f(x_1)$，这表明函数 $f(x)$ 在 $[a, b]$ 上单调减少.

> 注意：(1) 在定理 3.4 的证明过程中易于看到，闭区间 $[a, b]$ 若为开区间 (a, b) 或无限区间，定理结论同样成立；
>
> (2) 有的可导函数在某区间内的个别点处导数等于零，但函数在该区间内仍为单调增加（或单调减少）.

例如，幂函数 $y=x^3$ 的导数 $y'=3x^2$，当 $x=0$ 时，$y'=0$，但它在 $(-\infty, +\infty)$ 内是单调增加的，如图 3-4 所示.

例 1 研究 $f(x)=\left(1+\dfrac{1}{x}\right)^x$ 的单调性 $(x>0)$.

解 $f'(x)=\left(1+\frac{1}{x}\right)^{x}\left[\ln(1+x)-\ln x-\frac{1}{1+x}\right]$

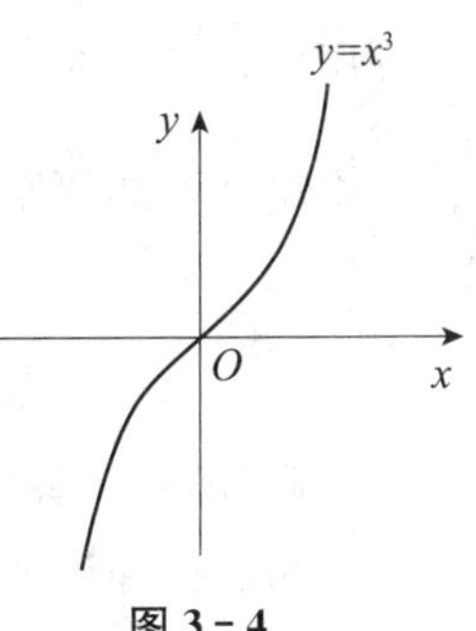

图 3－4

由拉格朗日中值定理有

$$\ln(1+x)-\ln x=\frac{1}{\theta+x}(0<\theta<1)$$

则
$$f'(x)=\left(1+\frac{1}{x}\right)^{x}\left[\frac{1}{\theta+x}-\frac{1}{1+x}\right]$$
$$=\left(1+\frac{1}{x}\right)^{x}\frac{1-\theta}{(\theta+x)(1+x)}>0(x>0)$$

所以 $f(x)$ 在 $x>0$ 时单调增加.

例 2　研究 $f(x)=x^4-4x-1$ 的单调性.

解　$f'(x)=4x^3-4=4(x^3-1)$，令 $f'(x)=0$，得 $x=1$. 当 $-\infty<x<1$，$f'(x)<0$；当 $1<x<+\infty$时，$f'(x)>0$. 所以函数在 $(-\infty,1]$ 上单调减少，在 $[1,+\infty)$ 上单调增加.

我们注意到，$x=1$ 是函数 $f(x)=x^4-4x-1$ 的单调减少区间 $(-\infty,1]$ 及单调增加区间 $[1,+\infty)$ 的分界点，而在该点处，$f'(x)=0$.

由例 2 可看出，有些函数在它的定义域上不是单调的，这时我们要把整个定义域划分为若干个子区间，分别讨论函数在各子区间内的单调性. 一般可以用 $f'(x)=0$ 的根作为分界点，使得函数的导数在各子区间内符号不变，从而函数 $f(x)$ 在每个子区间内单调.

例 3　确定函数 $f(x)=(x-1)x^{\frac{2}{3}}$ 的单调区间.

解　函数 $f(x)=(x-1)x^{\frac{2}{3}}$ 的定义域为 $(-\infty,+\infty)$，对 $f(x)$ 求导得：

$$f'(x)=\frac{2}{3}x^{-\frac{1}{3}}(x-1)+x^{\frac{2}{3}}=\frac{5x-2}{3x^{\frac{1}{3}}}$$

令 $f'(x)=0$ 得 $x=\frac{2}{5}$，此外，在 $x=0$ 处 $f(x)$ 不可导，于是 $x=0$，$x=\frac{2}{5}$将定义域分为三个子区间 $(-\infty,0)$，$\left(0,\frac{2}{5}\right)$，$\left(\frac{2}{5},+\infty\right)$.

列表讨论 $f(x)$ 的单调性.

x	$(-\infty,0)$	0	$\left(0,\frac{2}{5}\right)$	$\frac{2}{5}$	$\left(\frac{2}{5},+\infty\right)$
$f'(x)$	+	不存在	−	0	+
$f(x)$	↗		↘		↗

注：表中用“↘”表示单调减少，用“↗”表示单调增加.

所以，函数在 $(-\infty, 0)$ 和 $\left(\frac{2}{5}, +\infty\right)$ 内单调增加，在 $\left(0, \frac{2}{5}\right)$ 内单调减少.

由例 3 可知，使导数为零的点和导数不存在的点都可能是函数增减区间的分界点.

习题 3.3

1. 证明函数 $y=2x^3+3x^2-12x+1$ 在区间 $(-2, 1)$ 内单调减少.

2. 利用函数单调性证明下列不等式：

(1) $2\sqrt{2}>3-\frac{1}{x}$，$x>1$；

(2) $x>\arctan x>x-\frac{x^3}{3}$，$x>0$.

3. 确定下列函数的单调区间.

(1) $f(x)=2\arctan x-\ln\sqrt{1+x^2}$； (2) $f(x)=3x-\frac{2}{x}$；

(3) $y=x^4-4x-1$； (4) $y=x^2-3x-\frac{x^3}{3}$.

3.4 函数的极值和最值问题

3.4.1 函数极值的定义

由图 3-5 可知，函数 $y=f(x)$ 在点 x_2，x_5 处的函数值 $f(x_2)$，$f(x_5)$ 比它们近旁各点处的函数值都大，而在点 x_1，x_4，x_6 处的函数值 $f(x_1)$，$f(x_4)$，$f(x_6)$ 比它们近旁各点处的函数值都小. 对于这种性质的点和对应的函数值，给出如下定义.

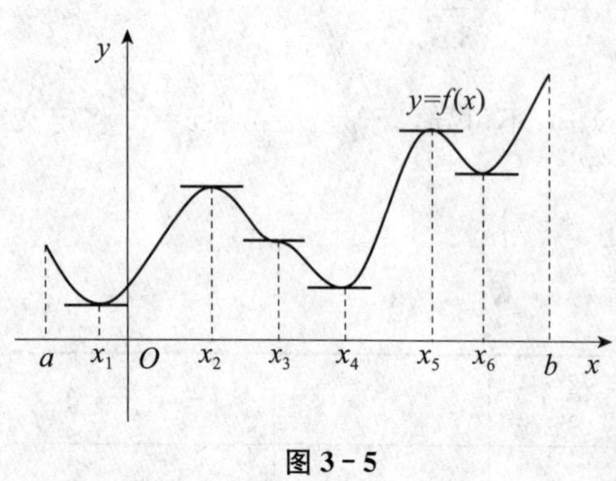

图 3-5

定义 3.1 设函数 $f(x)$ 在区间 (a, b) 内有定义，x_0 是 (a, b) 内的一个点. 如果存在点 x_0 的一个去心邻域，对于这去心邻域内的任何点 x，$f(x)<f(x_0)$ 均成立，就称 $f(x_0)$ 是函数 $f(x)$ 的一个极大值，点 x_0 叫作函数 $f(x)$ 的极大点；如果存在点 x_0 的一个去心邻域，对于这去心邻域内的任何点 x，$f(x)>f(x_0)$ 均成立，就称 $f(x_0)$ 是函数 $f(x)$ 的一个极小值，点 x_0 叫作函数 $f(x)$ 的极小点.

函数的极大值与极小值统称为极值，使函数取得极值的极大点与极小点统称为极值点.

因此，在图 3－5 中，$f(x_2)$，$f(x_5)$ 是函数的极大值，点 x_2，x_5 是函数的极大点；$f(x_1)$，$f(x_4)$，$f(x_6)$ 是函数的极小值，点 x_1，x_4，x_6 是函数的极小点.

值得注意的是，函数的极大值与极小值是有其局部性的，它们与函数的最大值、最小值不同. 极值 $f(x_0)$ 是就点 x_0 近旁的一个局部范围来说的，而最大值与最小值是就函数的整个定义域而言的. 所以极大值不一定是最大值，极小值不一定是最小值. 在一个区间上，一个函数可能有几个极大值与几个极小值，而且甚至某些极大值还可能比某些极小值小.

3.4.2　极值判定法

由图 3－5 可以看出，在函数取得极值处曲线的切线是水平的，即在极值点处函数的导数为零. 但反之，曲线上有水平切线的地方，即在使导数为零的点处，函数不一定取得极值. 例如，在点 x_3 处，曲线虽有水平切线，这时 $f'(x_3)=0$，但 $f(x_3)$ 并不是极值. 关于函数具有极值的必要条件和充分条件，将在下面的三个定理中加以讨论.

定理 3.5（极值的必要条件）　设函数 $f(x)$ 在点 x_0 处可导，且在点 x_0 处取得极值，则函数在点 x_0 处的导数为零，即 $f'(x_0)=0$.

通常把使导数为零的点〔方程 $f'(x)=0$ 的实根〕叫作函数 $f(x)$ 的驻点.

定理 3.5 说明可导函数的极值点必是它的驻点，但是反过来，函数的驻点并不一定是它的极值点. 例如，在图 3－5 中，点 x_3 是函数的驻点，但点 x_3 并不是它的极值点.

在求出函数的驻点后，如何判定哪些驻点是极值点，以及如何进一步判定哪些极值点是极大点，哪些极值点是极小点呢？单从有无水平切线这一个方面来看是不够的，还应考察曲线在该点附近的变化情况.

由图 3－6（a）可以看出，函数 $f(x)$ 在点 x_0 处有极大值. 除了在点 x_0 处有一条水平切线外，曲线在点 x_0 的左侧是单调增加的，在点 x_0 的右侧是单调减少的. 也就是说，在点 x_0 的左侧有 $f'(x)>0$，而在点 x_0 的右侧有 $f'(x)<0$. 利用这一特性，可以判定函数 $f(x)$ 在点 x_0 处有极大值. 对于函数 $f(x)$ 在点 x_0 处有极小值的情形，可结合图 3－6（b）类似地进行讨论.

归纳上面的分析可得到下面的定理.

定理 3.6（极值的第一充分条件）　设函数 $f(x)$ 在点 x_0 的一个邻域内可导且 $f'(x_0)=0$，

（1）如果当 x 取 x_0 左侧邻近的值时，$f'(x)$ 恒为正；当 x 取 x_0 右侧邻近的值时，$f'(x)$ 恒为负，则函数 $f(x)$ 在点 x_0 处有极大值；

（2）如果当 x 取 x_0 左侧邻近的值时，$f'(x)$ 恒为负；当 x 取 x_0 右侧邻近的值时，$f'(x)$ 恒为正，则函数 $f(x)$ 在点 x_0 处有极小值；

（3）如果当 x 取 x_0 左、右两侧邻近的值时，$f'(x)$ 恒为正或恒为负，则函数 $f(x)$ 在点 x_0 处没有极值.

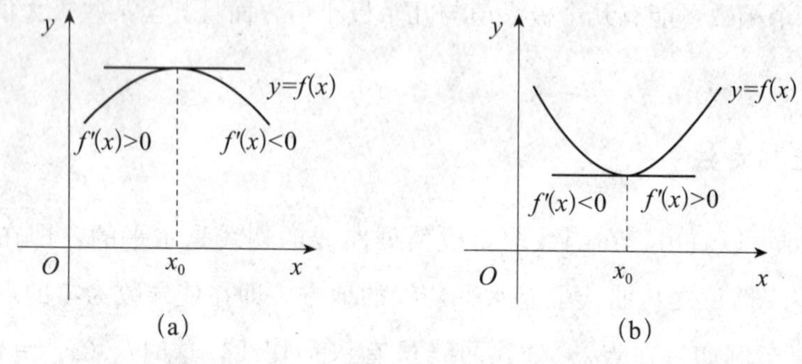

图 3－6

根据定理 3.5 和定理 3.6，可得到求可导函数的极值点和极值的步骤如下：

（1）确定函数的定义域；

（2）求函数的导数 $f'(x)$，并求出函数 $f(x)$ 的全部驻点（求出方程 $f'(x)=0$ 在定义域内的全部实根）；

（3）列表考察 $f'(x)$ 在每个驻点的左、右邻近的符号情况：

①如果左侧正而右侧负，那么该驻点是极大点，函数在该点处有极大值；

②如果左侧负而右侧正，那么该驻点是极小点，函数在该点处有极小值；

③如果两侧符号相同，那么该驻点不是极值点，函数在该点处没有极值.

例 1　求函数 $y=2x^3-6x^2-18x+7$ 的极值.

解　函数 $f(x)$ 的定义域为 $(-\infty, +\infty)$，对 $f(x)$ 求导可得：

$$y'=6x^2-12x-18=6(x+1)(x-3)$$

令 $y'=0$，得驻点 $x_1=-1$，$x_2=3$.

列表考察 $f(x)$ 的极值.

x	$(-\infty, -1)$	-1	$(-1, 3)$	3	$(3, +\infty)$
y'	+	0	−	0	+
y	↗	极大值 17	↘	极小值 −47	↗

所以函数的极大值为 $y|_{x=-1}=17$，极小值为 $y|_{x=3}=-47$（见图 3 - 7）.

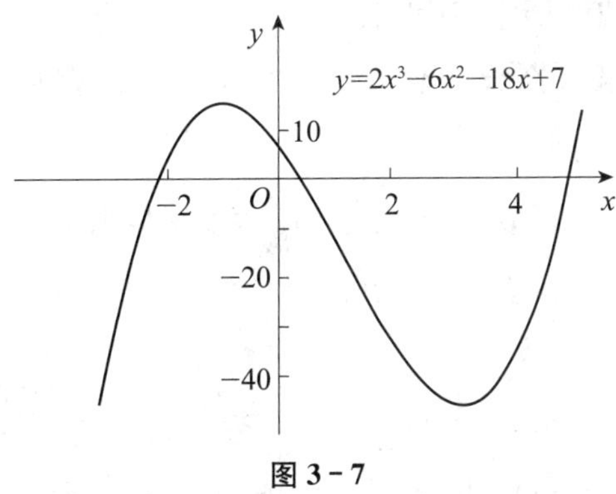

图 3 - 7

例 2　求函数 $f(x)=\frac{1}{5}x^5-\frac{1}{3}x^3$ 的极值.

解　(1) 函数的定义域为$(-\infty,\ +\infty)$，显然 $f(x)$ 在其定义域内连续.

(2) 对 $f(x)$ 求导可得：$f'(x)=x^4-x^2=x^2(x^2-1)$.

(3) 令 $f'(x)=0$ 即 $x^2(x^2-1)=0$，解得驻点为 $x_1=-1$，$x_2=0$，$x_3=1$.

在 $(-\infty,\ -1)$ 内，$f'(x)>0$，在 $(-1,\ 0)$ 内，$f'(x)<0$，从而 $x=-1$ 为极大点；在 $(0,\ 1)$ 内 $f'(x)<0$，故 $x=0$ 不是极值点；在 $(1,\ +\infty)$ 内 $f'(x)>0$，故$x=1$ 是极小点.

当 $x=-1$ 时，函数取极大值 $f(-1)=\frac{2}{15}$；当 $x=1$ 时，函数取极小值 $f(1)=-\frac{2}{15}$. 列表如下.

x	$(-\infty,\ -1)$	-1	$(-1,\ 0)$	0	$(0,\ 1)$	1	$(1,\ +\infty)$
$f'(x)$	+	0	−	0	−	0	+
$f(x)$	↗	极大值 $f(-1)=\frac{2}{15}$	↘	不取极值	↘	极小值 $f(1)=-\frac{2}{15}$	↗

还应当强调指出，以上讨论函数极值时是就可导函数而言的，实际上，连续但不可导的点也可能是极值点，即函数还可能在连续但不可导的点处取得极值. 例如函数 $y=|x|$，显然该函数在 $x=0$ 处连续但不可导，但是容易看出 $x=0$ 为该函数的极小点，如图 3 - 8 所示.

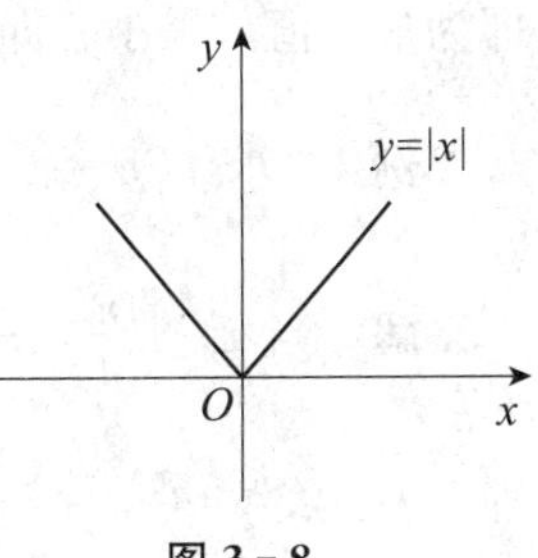

图 3 - 8

因此，函数可能在其驻点或者连续但不可导的点处取得极值.

当函数 $f(x)$ 在驻点处的二阶导数存在且不为零时，也可以利用下列定理来判断 $f(x)$ 在驻点处取得极大值还是极小值.

定理 3.7（极值的第二充分条件） 设函数 $f(x)$ 在点 x_0 处具有二阶导数且 $f'(x_0)=0$，$f''(x_0)\neq 0$，则

(1) 当 $f''(x_0)<0$ 时，函数 $f(x)$ 在点 x_0 处取得极大值；

(2) 当 $f''(x_0)>0$ 时，函数 $f(x)$ 在点 x_0 处取得极小值.

例 3 求函数的极值.

解 $f'(x)=6x(x^2-1)^2$，令 $f'(x)=0$，求得驻点 $x_1=-1$，$x_2=0$，$x_3=1$.

$f''(x)=6(x^2-1)(5x^2-1)$，因为 $f''(0)=6>0$，故 $f(x)$在 $x=0$ 处取得极小值，极小值为 $f(0)=0$.

由于 $f''(-1)=f''(1)=0$，故用第二充分条件无法判别，需要再用第一充分条件进行判定，最终可得 $f(x)$在 $x=\pm 1$ 处均不能取得极值.

3.4.3 最大值、最小值问题

在实际工作中，为了发挥最大的经济效益，经常遇到如何能使产量最大、效率最高、用料最省的问题. 这类“最大”“最高”“最省”的问题，在数学上就是最大值、最小值问题.

设函数 $f(x)$ 是闭区间 $[a, b]$ 上的连续函数，由闭区间上的连续函数的性质可知，函数 $f(x)$ 在闭区间 $[a, b]$ 上一定存在最大值和最小值. 如果最大（小）值在区间 (a, b) 内取得，则这个最大（小）值一定是极大（小）值. 又由于函数 $f(x)$ 的最大（小）值也可能在闭区间端点处取得，因此，求函数 $f(x)$ 在闭区间 $[a, b]$ 上的最大（小）值时，可按以下步骤进行：

(1) 求出函数 $f(x)$ 在 (a, b) 内一切可能的极值点（驻点和 $f'(x)$ 不存在的点）；

(2) 计算 $f(x)$ 在上述各点和端点处的函数值，并将这些值加以比较，其中最大者即为最大值，最小者即为最小值.

例 4 求 $f(x)=2x-\sin 2x$ 在$\left[\frac{\pi}{4}, \pi\right]$上的最大值与最小值.

解 当 $x\in\left[\frac{\pi}{4}, \pi\right]$时，$f'(x)=2-2\cos 2x\geqslant 0$，所以 $f(x)$ 在$\left[\frac{\pi}{4}, \pi\right]$上单调增加，$f(x)$ 在$\left[\frac{\pi}{4}, \pi\right]$上的最大值 $f(\pi)=2\pi$，最小值 $f\left(\frac{\pi}{4}\right)=\frac{\pi}{2}-1$.

例 5 求 $f(x)=e^{-x^2}(1-2x)$ 在 $(-\infty, +\infty)$ 上的最大值与最小值.

解 $$f'(x)=2\mathrm{e}^{-x^2}(1+2x)(x-1)$$

令 $f'(x)=0$，得驻点 $x=-\frac{1}{2}$，1.

当 $-\infty<x<-\frac{1}{2}$ 时，$f'(x)>0$；当 $-\frac{1}{2}<x<1$ 时，$f'(x)<0$；当 $1<x<+\infty$ 时，$f'(x)>0$. 所以，$f\left(-\frac{1}{2}\right)=\frac{2}{\sqrt[4]{\mathrm{e}}}$ 为极大值，$f(1)=-\frac{1}{\mathrm{e}}$ 为极小值.

又 $$\lim_{x\to+\infty}f(x)=\lim_{x\to+\infty}\frac{1-2x}{\mathrm{e}^{x^2}}=\lim_{x\to+\infty}\frac{-2}{2x\mathrm{e}^{x^2}}=0$$

$$\lim_{x\to-\infty}f(x)=\lim_{x\to-\infty}\frac{1-2x}{\mathrm{e}^{x^2}}=0$$

所以 $f(x)$ 在（$-\infty$，$+\infty$）上的最大值为 $f\left(-\frac{1}{2}\right)=\frac{2}{\sqrt[4]{\mathrm{e}}}$，最小值为 $f(1)=-\frac{1}{\mathrm{e}}$.

例 6　用白铁皮打制一容积为 V 的圆柱形容器，在裁剪侧面时材料没有损耗，但利用正方形板材裁剪上、下底圆时，在四个角上就有损耗. 问容器的高与底圆半径之比为多少时，才能使用料最省？

解　如图 3－9 所示，设圆柱形容器的高为 h，底圆半经为 r，则制造圆柱形容器的总用料（目标函数）为

$$A=(2r)^2\times 2+2\pi rh$$

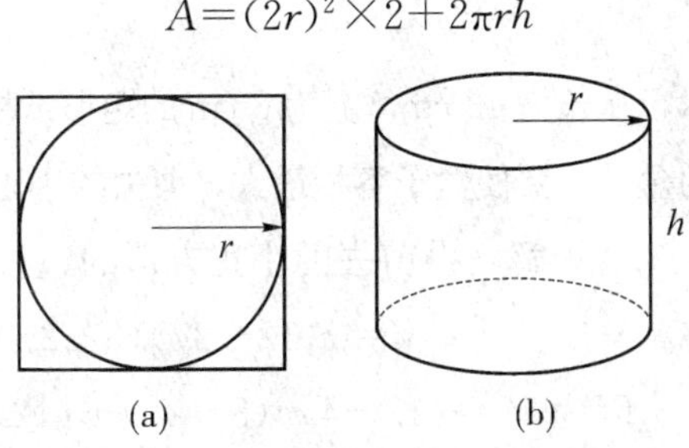

图 3－9

又 $V=\pi r^2h$，从而 $h=\frac{V}{\pi r^2}$，于是

$$A=8r^2+\frac{2V}{r},\quad 0<r<+\infty$$

$$A'_r=16r-\frac{2V}{r^2},\quad A''_r=16+\frac{4V}{r^3}$$

令 $A'_r=16r-\frac{2V}{r^2}=0$，得唯一驻点 $r=\frac{\sqrt[3]{V}}{2}$ 且 $A''_r\left(\frac{\sqrt[3]{V}}{2}\right)>0$，从而当 $r=\frac{\sqrt[3]{V}}{2}$ 时，目标函数 $A=8r^2+\frac{2V}{r}$ 取极小值. 又目标函数在（0，$+\infty$）内有唯一驻点，故极小值也是最小

值. 此时

$$\frac{h}{r}=\frac{\frac{V}{\pi r^2}}{r}=\frac{V}{\pi r^3}=\frac{8}{\pi}$$

于是，当$\frac{h}{r}=\frac{8}{\pi}$时，容器的用料最省.

特别需要指出的是，如果函数 $f(x)$ 在一个开区间内可导且有唯一的极值点 x_0，则当 $f(x_0)$ 是极大值时，$f(x_0)$ 就是函数 $f(x)$ 在该区间上的最大值，如图 3-10(a) 所示；当 $f(x_0)$ 是极小值时，$f(x_0)$ 就是函数 $f(x)$ 在该区间上的最小值，如图 3-10(b) 所示.

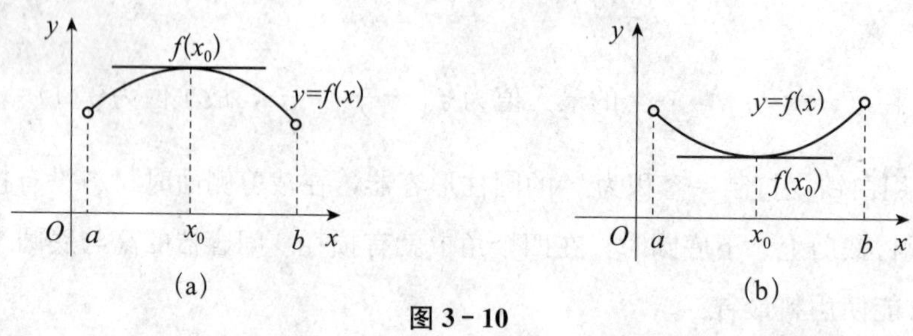

图 3-10

还要指出，在实际问题中，如果函数 $f(x)$ 在某区间内只有一个驻点 x_0，而且从实际问题本身又可以判断 $f(x)$ 在该区间内必定有最大值或最小值，则 $f(x_0)$ 就是所要求的最大值或最小值.

例 7 如图 3-11 所示，从长为 12 cm，宽为 8 cm 的矩形纸板的四个角上剪去相同的小正方形后可折成一个无盖的盒子，要使盒子容积最大，剪去的小正方形的边长应为多少？

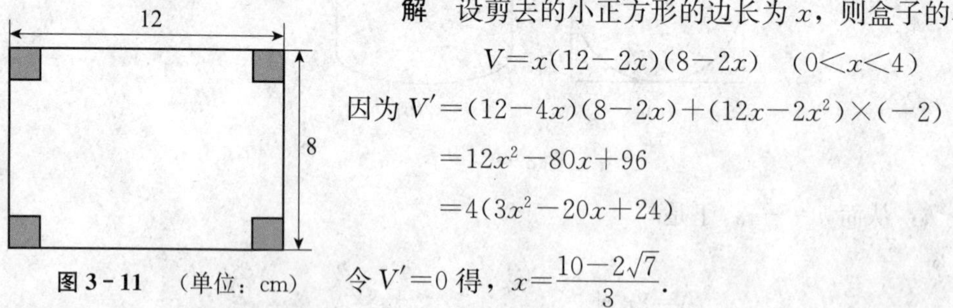

图 3-11 （单位：cm）

解 设剪去的小正方形的边长为 x，则盒子的容积

$$V=x(12-2x)(8-2x)\quad(0<x<4)$$

因为 $V'=(12-4x)(8-2x)+(12x-2x^2)\times(-2)$

$$=12x^2-80x+96$$

$$=4(3x^2-20x+24)$$

令 $V'=0$ 得，$x=\frac{10-2\sqrt{7}}{3}$.

由于盒子必存在最大容积，而函数在（0，4）内只有一个驻点，所以当 $x=\frac{10-2\sqrt{7}}{3}$时，盒子的容积最大.

例 8 如图 3-12 所示，设点 D 是等腰三角形 ABC 底边的中点，BC 之长为 a，A 顶角 α 不超过 120°，点 P 是中线 AD 上的点，证明：当点 P 与点 D 之间的距离为$\frac{a}{2\sqrt{3}}$

时，PA，PB，PC 三边之长的和为最小值.

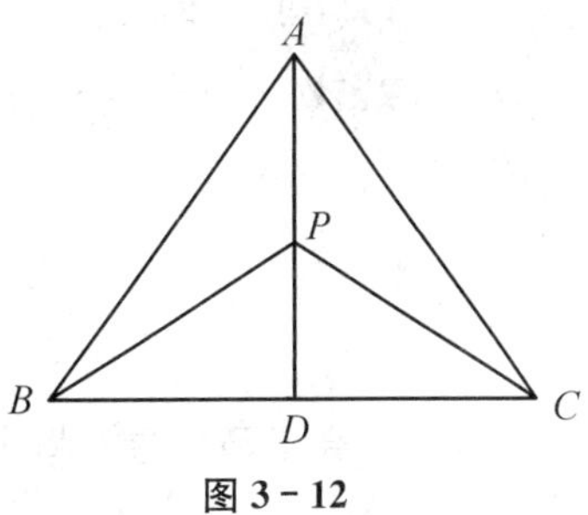

图 3-12

解　设 PD 之长为 x，PA，PB，PC 三边之长的和为 $f(x)$，AD 的长为 h. 由于 $\frac{a}{2h}=\tan\frac{\alpha}{2}\leqslant\tan 60°=\sqrt{3}$，故 $h\geqslant\frac{a}{2\sqrt{3}}$，得 $f(x)=(h-x)+2\sqrt{x^2+\frac{a^2}{4}}$，$0\leqslant x\leqslant h$. 所以

$$f'(x)=-1+\frac{4x}{\sqrt{4x^2+a^2}}$$

$$f''(x)=\frac{4a^2}{(4x^2+a^2)^{3/2}}>0$$

令 $f'(x)=0$，得驻点 $x=\frac{a}{2\sqrt{3}}$. 故当 $x=\frac{a}{2\sqrt{3}}$时，$f(x)$ 有最小值.

例 9　设排水阴沟的横断面面积一定，断面的上部是半圆形，下部是矩形，问圆半径 r 与矩形高 h 之比为何值时，建沟所用材料（包括顶部、底部及侧壁）最省.

解　横断面面积 $A=\frac{1}{2}\pi r^2+2rh$，故得 $h=\frac{A}{2r}-\frac{\pi r}{4}$，横断面的周长

$$f(r)=\pi r+2r+2\left(\frac{A}{2r}-\frac{\pi r}{4}\right)=2r+\frac{A}{r}+\frac{\pi r}{2},\ 0<r\leqslant\sqrt{\frac{2A}{\pi}}$$

$$f'(r)=2-\frac{A}{r^2}+\frac{\pi}{2}$$

令 $f'(r)=0$，得唯一驻点 $r_0=\sqrt{\frac{2A}{4+\pi}}$. 又 $f''(r_0)=\frac{2A}{r_0^3}>0$，故当 $r=\sqrt{\frac{2A}{4+\pi}}$时，$f(r)$ 最小，此时，$h=\sqrt{\frac{2A}{4+\pi}}$. 故当 r 与 h 相等时，建沟所用材料最省.

习题 3.4

1. 求下列函数的极值.

(1) $y=x^2+2x-1$；　(2) $y=x-e^x$；

(3) $y=(x^2-1)^3+2$；　(4) $y=x^4-2x^3$；

(5) $y=x^3(x-5)^2$；　(6) $y=(x-1)x^{\frac{2}{3}}$.

2. 用求导数方法证明二次函数 $y=ax^2+bx+c(a\neq0)$ 的极值点为 $x=-\frac{b}{2a}$，并讨论它的极值.

3. 求下列函数在指定区间上的最值.

(1) $f(x)=x^2-\frac{1}{x^2}$，$x\in[-3,-1]$；

(2) $f(x)=2x^3-3x^2-36x+7$，$x\in[-3, -2]$.

4. 如果函数 $y=a\ln x+bx^2+3x$ 在 $x=1$ 和 $x=2$ 处取得极值，试确定常数 a，b 的值.

3.5　曲线的凹凸性与拐点

前面研究了函数的单调性和极值，本节介绍利用导数研究函数图像弯曲方向的方法.

3.5.1　曲线的凹凸性及其判别法

在某段曲线弧上，有部分曲线总是位于该部分曲线上的每一点切线的下方，有部分曲线总是位于该部分曲线上的每一点切线的上方，如图 3-13 所示，曲线的这种特性就是曲线的凹凸性.

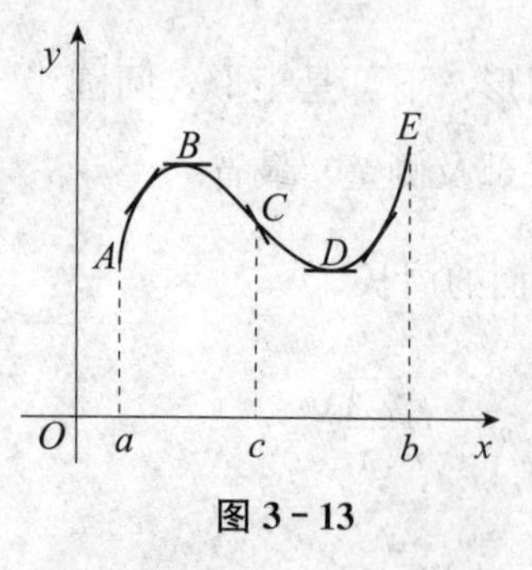

图 3-13

关于曲线的凹凸性有如下定义.

定义 3.2　在区间 (a, b) 内，如果曲线弧位于其上每一点切线的上方，那么就称曲线在区间 (a, b) 内是凹的；如果曲线弧位于其上每一点切线的下方，那么就称曲线在区间 (a, b) 内是凸的.

例如图 3-13 中曲线弧$\overparen{ABC}$在区间 (a, c) 内是凸的，曲线弧$\overparen{CDE}$在区间 (c, b) 内是凹的. 如何来判定曲线在区间内的凹凸性呢?

由图 3-14 可以看出，如果曲线是凹的，那么切线的倾斜角随着自变量 x 的增大而增大，即切线的斜率也是递增的. 由于切线的斜率就是函数 $y=f(x)$ 的导数 $f'(x)$，因此，如果曲线是凹的，那么导数 $f'(x)$ 必定是单调增加的，也即 $f''(x)>0$.

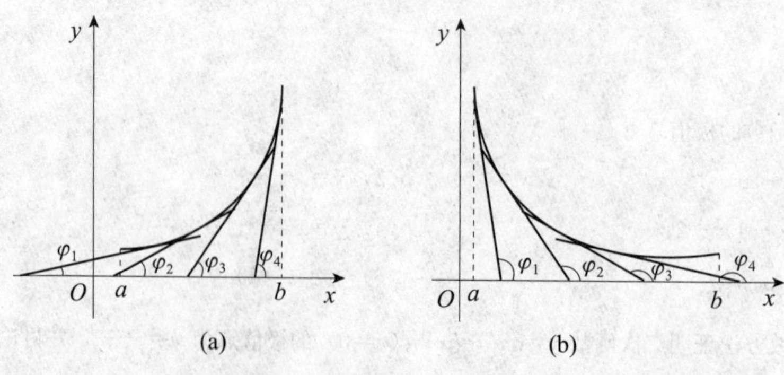

图 3-14

由图 3-15 可以看出，如果曲线是凸的，那么切线的倾斜角随着自变量 x 的增大而减小，即切线的斜率也是递减的. 由于切线的斜率就是函数 $y=f(x)$ 的导数 $f'(x)$，因此，如果曲线是凸的，那么导数 $f'(x)$ 必定是单调减少的，也即 $f''(x)<0$.

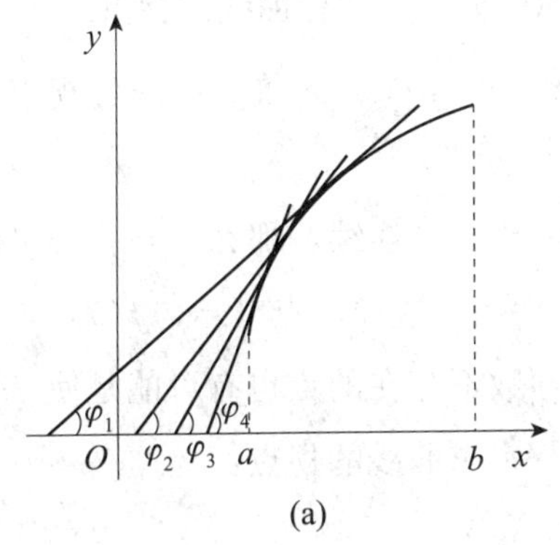

(a)

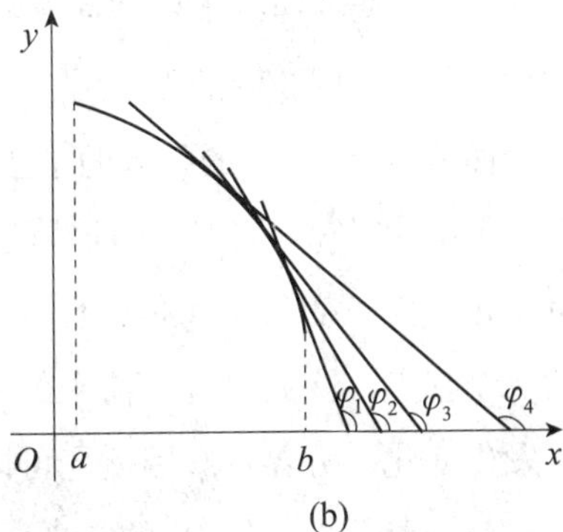

(b)

图 3-15

下面给出曲线的凹凸性的判定定理.

定理 3.8　设函数 $f(x)$ 在 (a, b) 内具有二阶导数 $f''(x)$，

(1) 如果在 (a, b) 内 $f''(x)>0$，那么曲线在 (a, b) 内是凹的；

(2) 如果在 (a, b) 内 $f''(x)<0$，那么曲线在 (a, b) 内是凸的.

例 1　判定 $y=e^x-2x$ 的凹凸性.

解　$y'=e^x-2$，$y''=e^x$.

因为 $y=e^x-2x$ 的定义域是 $(-\infty, +\infty)$，当 $x\in(-\infty, +\infty)$ 时，$y''>0$，因此 $y=e^x-2x$ 在 $(-\infty, +\infty)$ 内是凹的.

例 2　判定 $y=\arctan x$ 的凹凸性.

解　$y'=\dfrac{1}{1+x^2}$，$y''=-\dfrac{2x}{(1+x^2)^2}$，$x\in(-\infty, +\infty)$.

令 $y''<0$，解得 $x>0$，因此 $y=\arctan x$ 在 $(0, +\infty)$ 内是凸的；

令 $y''>0$，解得 $x<0$，因此 $y=\arctan x$ 在 $(-\infty, 0)$ 内是凹的.

例 3　判定 $y=\sqrt[3]{x}$ 的凹凸性.

解　$y'=\dfrac{1}{3}x^{-\frac{2}{3}}$，$y''=-\dfrac{2}{9}x^{-\frac{5}{3}}$，$x\in(-\infty, 0)\cup(0, +\infty)$.

当 $-\infty<x<0$ 时，$y''>0$，因此 $y=\sqrt[3]{x}$ 在 $(-\infty, 0)$ 内是凹的；

当 $0<x<+\infty$ 时，$y''<0$，因此 $y=\sqrt[3]{x}$ 在 $(0, +\infty)$ 内是凸的.

从例 2、例 3 可以发现，一个函数在其整个定义域内不具备凹凸性，但是若将其二阶导数为 0 的点（例 2 中的 $x=0$）及二阶导数不存在的点（例 3 中的 $x=0$）作为分界点，总可以将定义域划分为若干凹凸区间.

3.5.2　曲线的拐点

定义 3.3　连接曲线上凹的曲线弧与凸的曲线弧的分界点叫作曲线的拐点.

例如，例 2、例 3 中的点（0，0）就分别是曲线 $y=\arctan x$ 和 $y=\sqrt[3]{x}$ 的拐点. 下面来讨论曲线 $y=f(x)$ 的拐点的求法.

由 $f''(x)$ 的符号可以判定曲线的凹凸性. 如果 $f'(x)$ 连续，那么，当 $f''(x)$ 的符号由负变正或由正变负时，必定有一点 x_0 使 $f''(x_0)=0$. 这样，点 $(x_0, f(x_0))$ 就是曲线的一个拐点. 除此以外，使函数 $f(x)$ 的二阶导数不存在的点也有可能是使 $f''(x)$ 的符号发生变化的分界点. 因此，可以按下面的步骤来求曲线的拐点：

（1）确定函数 $y=f(x)$ 的定义域；

（2）求 $y=f(x)$ 的二阶导数 $f''(x)$，令 $f''(x)=0$，求出定义域内的所有实根，找出 $f''(x)$ 不存在的所有点；

（3）在各区间内分别讨论 $f''(x)$ 的符号和 $f(x)$ 的凹凸性；

（4）确定 $y=f(x)$ 的拐点.

例 4　求 $y=x^4-2x^2+1$ 的凹凸区间及拐点.

解　（1）$y'=4x^3-4x=4x(x^2-1)$，$y''=12x^2-4=4(3x^2-1)$.

（2）令 $y''=0$，得 $x=\pm\dfrac{1}{\sqrt{3}}$.

（3）用 $x=\pm\dfrac{1}{\sqrt{3}}$ 作为分界点将函数的定义域分成 $\left(-\infty, -\dfrac{1}{\sqrt{3}}\right)$，$\left(-\dfrac{1}{\sqrt{3}}, \dfrac{1}{\sqrt{3}}\right)$，$\left(\dfrac{1}{\sqrt{3}}, +\infty\right)$.

由 $y''=4(3x^2-1)$ 考察每个子区间内 y'' 的符号，列表如下.

x	$\left(-\infty, -\frac{1}{\sqrt{3}}\right)$	$-\frac{1}{\sqrt{3}}$	$\left(-\frac{1}{\sqrt{3}}, \frac{1}{\sqrt{3}}\right)$	$\frac{1}{\sqrt{3}}$	$\left(\frac{1}{\sqrt{3}}, +\infty\right)$
y'	+	0	−	0	+
y''	凹	拐点 $\left(-\frac{1}{\sqrt{3}}, \frac{4}{9}\right)$	凸	拐点 $\left(\frac{1}{\sqrt{3}}, \frac{4}{9}\right)$	凹

例 5　判定 $f(x)=(x-1)\sqrt[3]{x^5}$ 的凹凸性，并求拐点.

解　（1）$f'(x)=\dfrac{8}{3}x^{\frac{5}{3}}-\dfrac{5}{3}x^{\frac{2}{3}}$，$f''(x)=\dfrac{10}{9}\cdot\dfrac{4x-1}{\sqrt[3]{x}}$.

(2) 令 $f''(x)=0$，得 $x=\frac{1}{4}$；当 $x=0$ 时，$f''(x)$ 不存在.

(3) 用0，$\frac{1}{4}$作为分界点将函数的定义域分成$(-\infty, 0)$，$\left(0, \frac{1}{4}\right)$，$\left(\frac{1}{4}, +\infty\right)$，由 $f''(x)=\frac{10}{9}\cdot\frac{4x-1}{\sqrt[3]{x}}$考察每个子区间内 $f''(x)$ 的符号，列表如下.

x	$(-\infty, 0)$	0	$\left(0, \frac{1}{4}\right)$	$\frac{1}{4}$	$\left(\frac{1}{4}, +\infty\right)$
$f'(x)$	+	不存在	−	0	+
$f''(x)$	凹	拐点 (0，0)	凸	拐点$\left(\frac{1}{4}, \frac{-3}{32\sqrt[3]{2}}\right)$	凹

习题 3.5

1. 判定下列曲线的凹凸性.

(1) $y=e^x$；　　(2) $y=x^3+x$；

(3) $y=x^4$.

2. 求下列曲线的凹凸区间及拐点.

(1) $y=2+(x-4)^{\frac{1}{3}}$；　　(2) $y=3x^4-4x^3+1$；

(3) $y=\frac{36x}{(x+3)^2}+1$；　　(4) $y=e^{-\frac{1}{2}x^2}$；

(5) $y=\ln(x^2-1)$；　　(6) $f(x)=xe^{-x}$.

3. 当 a 及 b 为何值，点 (1，3) 为曲线 $y=ax^3+bx^2$ 的拐点？

3.6　函数图像的描绘

前面我们利用导数研究了函数的单调性和极值及曲线的凹凸性与拐点. 本节将学习如何综合利用这些知识画出函数的图像. 下面我们首先介绍曲线的水平渐近线和垂直渐近线.

3.6.1　曲线的渐近线

定义 3.4　如果$\lim\limits_{x\to\infty}f(x)=a$（或 $\lim\limits_{x\to-\infty}f(x)=a$ 或 $\lim\limits_{x\to+\infty}f(x)=a$），那么称直线 $y=a$

为曲线 $y=f(x)$ 的一条水平渐近线；如果$\lim\limits_{x\to b}f(x)=\infty$（或 $\lim\limits_{x\to b^+}f(x)=\infty$或 $\lim\limits_{x\to b^-}f(x)=\infty$），那么称直线 $x=b$ 为曲线 $y=f(x)$ 的一条垂直渐近线.

水平渐近线和垂直渐近线反映了一些连续曲线在无限延伸时的变化情况. 例如：因为 $\lim\limits_{x\to+\infty}\arctan x=\frac{\pi}{2}$，$\lim\limits_{x\to-\infty}\arctan x=-\frac{\pi}{2}$，所以直线 $y=\frac{\pi}{2}$ 和 $y=-\frac{\pi}{2}$ 是曲线 $y=\arctan x$ 的两条水平渐近线；因为 $\lim\limits_{x\to 2^+}\ln(x-2)=-\infty$，所以直线 $x=2$ 是曲线 $y=\ln(x-2)$ 的垂直渐近线.

3.6.2　作函数图像的一般步骤

作函数图像的一般步骤如下：

（1）确定函数的定义域；

（2）研究函数的奇偶性、周期性；

（3）讨论函数的单调性、极值、曲线的凹凸性及拐点，并列表；

（4）确定曲线的水平渐近线和垂直渐近线；

（5）根据作图需要适当选取辅助点；

（6）综合上述讨论，作出函数图像.

3.6.3　作函数图像实例

例 1　作出 $y=x-2\arctan x$ 的图像.

解　（1）定义域（$-\infty$，$+\infty$），$y'=\frac{x^2-1}{x^2+1}$，$y''=\frac{4x}{(1+x^2)^2}$.

（2）令 $y'=0$，得 $x=\pm1$. 令 $y''=0$，得 $x=0$. 以 -1，0，1 为分界点将（$-\infty$，$+\infty$）分为（$-\infty$，-1），（-1，0），（0，1），（1，$+\infty$）.

（3）列表（由于此函数为奇函数，因此只要画出（0，$+\infty$）上的图像即可得到函数的图像）.

x	0	（0，1）	1	（1，$+\infty$）
y'	$-$	$-$	0	$+$
y''	0	$+$	$+$	$+$
y	拐点（0，0）	减、凹	极小值 $1-\frac{\pi}{2}$	增、凹

(4) 所求函数图像如图 3-16 所示.

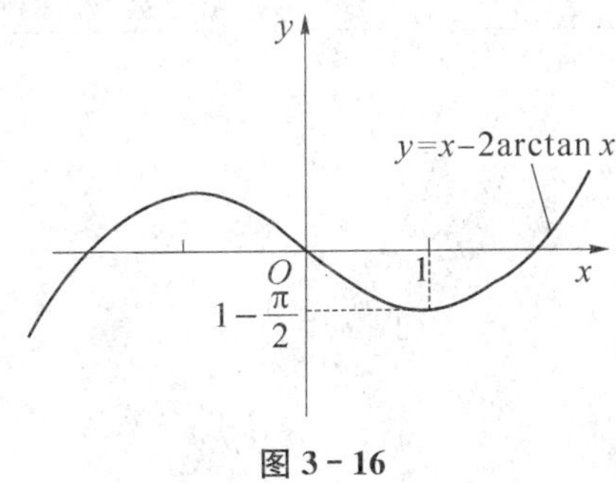

图 3-16

例 2　作出函数 $y=\dfrac{x}{1+x^2}$ 的图像.

解　所给函数的定义域为 $(-\infty, +\infty)$，且为奇函数，因此可先作出函数在 $[0, +\infty)$ 上的图像，再利用对称性即可.

求导数：由 $y'=\dfrac{1-x^2}{(1+x^2)^2}$，令 $y'=0$ 得 $x_1=1$；由 $y''=\dfrac{2x(x^2-3)}{(1+x^2)^3}$，令 $y''=0$ 得 $x_2=0$，$x_3=\sqrt{3}$.

列表如下.

x	$(0, 1)$	1	$(1, \sqrt{3})$	$\sqrt{3}$	$(\sqrt{3}, +\infty)$
y'	$+$	0	$-$		$-$
y''	$-$	$-$	$-$	0	$+$
y	凸、增	极大值$\dfrac{1}{2}$	凸、减	拐点$\left(\sqrt{3}, \dfrac{\sqrt{3}}{4}\right)$	凹、减

当 $x=0$ 时，$y=0$；当 $x=1$ 时，函数取极大值$\dfrac{1}{2}$；拐点为$\left(\sqrt{3}, \dfrac{\sqrt{3}}{4}\right)$. 当 $x\to\infty$时，$y\to 0$，即有水平渐近线 $y=0$. 所求函数图像如图 3-17 所示.

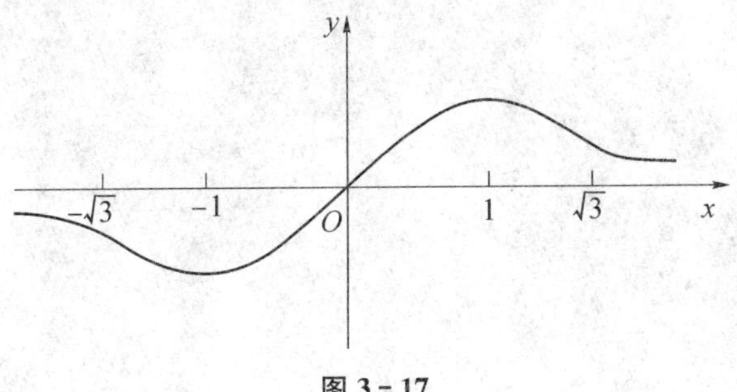

图 3-17

注意：辅助点选取的位置和数量要合适.

习题 3.6

1. 求下列曲线的渐近线.

(1) $y=\frac{x^2}{e^x-1}$；　　(2) $y=\frac{1}{x-1}$；

(3) $y=\frac{1-2x}{x^2}+1(x>0)$；　　(4) $y=e^{-x^2}$.

2. 作出下列函数的图像.

(1) $y=\ln(x^2+1)$；　　(2) $y=x\ln x$；

(3) $y=\frac{x^2}{x^2-4}$；　　(4) $y=x+\frac{2x}{x^2-1}$；

(5) $y=\frac{1}{1+x^2}$；　　(6) $y=2x-3\sqrt[3]{x^2}$.

第4章　不定积分

关于如何求一个函数的导数问题，在微分学中已经进行了讨论，本章将讨论与它相反的一个问题，即寻求一个可导函数使它的导数等于已知函数，这就是积分问题，也是积分学中的一个基本问题.

4.1　不定积分的概念与性质

4.1.1　原函数与不定积分的概念

定义 4.1　如果对任意的 $x\in I$，都有

$$F'(x)=f(x)\text{或 } \mathrm{d}F(x)=f(x)\mathrm{d}x$$

则称 $F(x)$ 为 $f(x)$ 在区间 I 上的一个原函数.

例如：当 $x\in(-\infty,+\infty)$ 时，有 $(\sin x)'=\cos x$，故 $\sin x$ 是 $\cos x$ 在 $(-\infty,+\infty)$上的一个原函数.

又如：当 $x\in(0,+\infty)$ 时，有$(\ln x)'=\frac{1}{x}$，故 $\ln x$ 是$\frac{1}{x}$在 $(0,+\infty)$ 上的一个原函数. 显然，$\ln x+\sqrt{3}$，$\ln x+2$ 等都是$\frac{1}{x}$在 $(0,+\infty)$ 上的原函数.

显然，一个函数的原函数不是唯一的.

定理 4.1（原函数的结构定理）　如果 $f(x)$ 在区间 I 上有一个原函数 $F(x)$，则 $f(x)$ 就有无穷多个原函数；如果 $F(x)$ 与 $G(x)$ 都为 $f(x)$ 在区间 I 上的原函数，则 $F(x)$ 与 $G(x)$ 之差为常数，即 $F(x)-G(x)=C$（C 为任意常数）.

证明　(1) 由于 $f(x)$ 在区间 I 上的原函数为 $F(x)$，即 $F'(x)=f(x)$，则有

$$[F(x)+C]'=F'(x)=f(x)$$

即 $F(x)+C$ 也为 $f(x)$ 的原函数（C 为任意常数），表明 $f(x)$ 的原函数不唯一，有无穷多个.

(2) 如果 $F(x)$ 与 $G(x)$ 都为 $f(x)$ 的原函数，则 $F'(x)=f(x)$，$G'(x)=f(x)$，

所以 $[F(x)-G(x)]'=F'(x)-G'(x)=f(x)-f(x)=0$，由拉格朗日中值定理的推论可知：$F(x)-G(x)=C$（$C$ 为任意常数）.

> 注意：(1) 求 $f(x)$ 的原函数，实质上就是问 $f(x)$ 是由哪个函数求导得来的；
>
> (2) 如果 $F(x)$ 为 $f(x)$ 在区间 I 上的一个原函数，则 $F(x)+C$（C 为任意常数）是 $f(x)$ 的全体原函数，称为 $f(x)$ 的原函数族.

定理 4.2（原函数存在定理） 如果函数 $f(x)$ 在区间 I 上连续，则 $f(x)$ 在区间 I 上一定有原函数，即存在区间 I 上的可导函数 $F(x)$，使得对任一 $x\in I$，有 $F'(x)=f(x)$.

> 注意：(1) 如果函数 $f(x)$ 在某区间上连续，则在该区间上 $f(x)$ 的原函数必定存在；
>
> (2) 由于初等函数在定义区间内连续，故初等函数在其定义区间内一定有原函数.

定义 4.2（不定积分的概念） 函数 $f(x)$ 在区间 I 上的全体原函数 $F(x)+C$（C 为任意常数）称为函数 $f(x)$ 在区间 I 上的不定积分，记作

$$\int f(x)\mathrm{d}x$$

其中 $\int$ 称为积分号，$f(x)$ 称为被积函数，$f(x)\mathrm{d}x$ 称为被积表达式，x 称为积分变量.

由此定义可知：如果 $F(x)$ 为 $f(x)$ 在区间 I 上的一个原函数，那么 $F(x)+C$ 就是 $f(x)$ 在区间 I 上的不定积分，则有

$$\int f(x)\mathrm{d}x = F(x)+C$$

其中 C 为任意常数，又称为积分常数.

因而不定积分 $\int f(x)\mathrm{d}x$ 可表示 $f(x)$ 的所有原函数. 求一个函数的不定积分，就是求这个函数的全体原函数. 求全体原函数时只要求出一个原函数，再加上积分常数 C 就可以了.

例 1 求不定积分 $\int x^3\mathrm{d}x$.

解 因为 $\left(\frac{x^4}{4}\right)'=x^3$，所以 $\frac{x^4}{4}$ 是 x^3 的一个原函数，因此

$$\int x^3\mathrm{d}x = \frac{x^4}{4}+C$$

例 2 求不定积分 $\int \frac{1}{\sqrt{1-x^2}}\mathrm{d}x$.

解　因为 $(\arcsin x)'=\dfrac{1}{\sqrt{1-x^2}}$，所以 $\arcsin x$ 是$\dfrac{1}{\sqrt{1-x^2}}$的一个原函数，因此

$$\int \frac{1}{\sqrt{1-x^2}}\mathrm{d}x = \arcsin x + C$$

例 3　求不定积分$\int \dfrac{1}{x}\mathrm{d}x$.

解　因为$\dfrac{1}{x}$的定义域为 $(-\infty,\ 0)\cup(0,\ +\infty)$，所以

在区间 $(-\infty,\ 0)$ 上，有$\int \dfrac{1}{x}\mathrm{d}x = \ln(-x)+C$

在区间 $(0,\ +\infty)$ 上，有$\int \dfrac{1}{x}\mathrm{d}x = \ln x + C$

综上所述：在定义域 $(-\infty,\ 0)\cup(0,\ +\infty)$ 上，$\int \dfrac{1}{x}\mathrm{d}x = \ln|x|+C$.

例 4　验证$\int x^\alpha \mathrm{d}x = \dfrac{1}{\alpha+1}x^{\alpha+1}+C(\alpha\neq -1)$ 成立.

解　因为$\left(\dfrac{1}{\alpha+1}x^{\alpha+1}+C\right)'=\dfrac{1}{\alpha+1}(\alpha+1)x^\alpha=x^\alpha\ (\alpha\neq-1)$

所以$\int x^\alpha \mathrm{d}x = \dfrac{1}{\alpha+1}x^{\alpha+1}+C(\alpha\neq -1)$

例 5　利用例 4 的结果，计算下列不定积分.

(1) $\int \sqrt[5]{x^3}\,\mathrm{d}x$；　　(2) $\int \dfrac{1}{x^2}\mathrm{d}x$；　　(3) $\int \dfrac{1}{\sqrt{x}}\mathrm{d}x$.

解　(1) $\int \sqrt[5]{x^3}\,\mathrm{d}x = \int x^{\frac{3}{5}}\mathrm{d}x = \dfrac{1}{\frac{3}{5}+1}x^{\frac{3}{5}+1}+C=\dfrac{5}{8}x^{\frac{8}{5}}+C$

(2) $\int \dfrac{1}{x^2}\mathrm{d}x = \int x^{-2}\mathrm{d}x = \dfrac{1}{-2+1}x^{-2+1}+C=-\dfrac{1}{x}+C$

(3) $\int \dfrac{1}{\sqrt{x}}\mathrm{d}x = \int x^{-\frac{1}{2}}\mathrm{d}x = \dfrac{1}{-\frac{1}{2}+1}x^{-\frac{1}{2}+1}+C=2\sqrt{x}+C$

例 5 中的不定积分（2）与（3）在今后的计算中将会经常用到，要熟记结果.

通常把求不定积分的方法称为积分法.

由不定积分定义可以看出，不定积分的运算是求导（或微分）运算的逆运算，显然有以下性质：

$$\left[\int f(x)\mathrm{d}x\right]'=f(x)\quad 或\quad \mathrm{d}\int f(x)\mathrm{d}x=f(x)\mathrm{d}x$$

$$\int F'(x)\mathrm{d}x = F(x)+C \quad 或 \quad \int \mathrm{d}F(x) = F(x)+C$$

由此可见，当记号“$\int$”与“d”连在一起时，其运算规律可简单地描述为“先积后微，形式不变；先微后积，加个常数”.

4.1.2 不定积分的性质

性质 4.1 两个函数和（或差）的不定积分等于各函数不定积分之和（或差），即

$$\int[f(x)\pm g(x)]\mathrm{d}x = \int f(x)\mathrm{d}x \pm \int g(x)\mathrm{d}x$$

证明 由于

$$\left[\int f(x)\mathrm{d}x \pm \int g(x)\mathrm{d}x\right]' = \left[\int f(x)\mathrm{d}x\right]' \pm \left[\int g(x)\mathrm{d}x\right]' = f(x)\pm g(x)$$

所以

$$\int[f(x)\pm g(x)]\mathrm{d}x = \int f(x)\mathrm{d}x \pm \int g(x)\mathrm{d}x$$

此性质很容易推广到有限多个函数代数和（或差）的情况，即

$$\int[f_1(x)\pm f_2(x)\pm\cdots\pm f_n(x)]\mathrm{d}x = \int f_1(x)\mathrm{d}x \pm \int f_2(x)\mathrm{d}x \pm\cdots\pm \int f_n(x)\mathrm{d}x$$

性质 4.2 被积函数中不为零的常数因子可以提到积分号外，即

$$\int kf(x)\mathrm{d}x = k\int f(x)\mathrm{d}x \ (k\neq 0)$$

证明 由于 $\left[k\int f(x)\mathrm{d}x\right]' = k\left[\int f(x)\mathrm{d}x\right]' = kf(x)$

所以

$$\int kf(x)\mathrm{d}x = k\int f(x)\mathrm{d}x$$

4.1.3 不定积分的几何意义

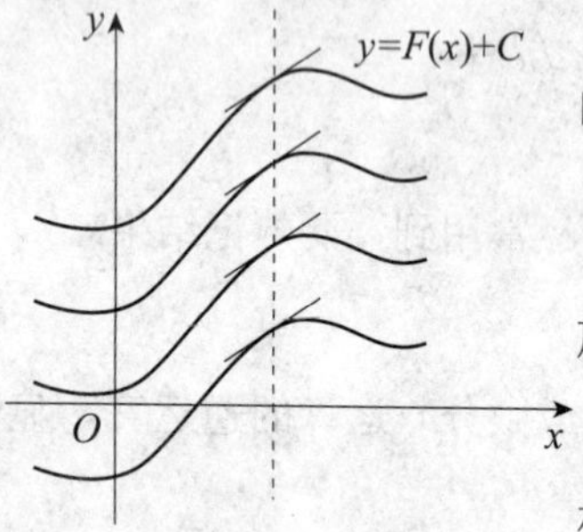

图 4-1

若 $y=F(x)$ 是 $f(x)$ 的一个原函数，则称 $y=F(x)$ 的图像是 $f(x)$ 的一条积分曲线.

由 $\int f(x)\mathrm{d}x = F(x)+C$ 可知，$f(x)$ 的不定积分是一族积分曲线，被称为积分曲线族.

每条积分曲线上横坐标相同的对应各点处切线的斜率相等，都等于 $f'(x)$，因此横坐标相同的对应各点处切线相互平行，如图 4-1 所示.

4.1.4 基本积分表

由不定积分定义可知，求不定积分与求导数（或微分）是两种互逆的运算，只要把基本求导公式表反过来，就可得到下面的基本积分公式表，通常称为**基本积分表**.

(1) $\int k\mathrm{d}x = kx + C$（$k$ 为常数）

(2) $\int x^{\mu}\mathrm{d}x = \frac{1}{\mu+1}x^{\mu+1} + C(\mu \neq -1)$

(3) $\int \frac{1}{x}\mathrm{d}x = \ln|x| + C$

(4) $\int \frac{1}{1+x^2}\mathrm{d}x = \arctan x + C = -\operatorname{arccot} x + C$

(5) $\int \frac{1}{\sqrt{1-x^2}}\mathrm{d}x = \arcsin x + C = -\arccos x + C$

(6) $\int \cos x\mathrm{d}x = \sin x + C$

(7) $\int \sin x\mathrm{d}x = -\cos x + C$

(8) $\int \sec^2 x\mathrm{d}x = \tan x + C$

(9) $\int \csc^2 x\mathrm{d}x = -\cot x + C$

(10) $\int \sec x\tan x\mathrm{d}x = \sec x + C$

(11) $\int \csc x\cot x\mathrm{d}x = -\csc x + C$

(12) $\int \mathrm{e}^x\mathrm{d}x = \mathrm{e}^x + C$

(13) $\int a^x\mathrm{d}x = \frac{1}{\ln a}a^x + C$

以上各基本积分公式是求不定积分的基础，必须熟记. 下面利用不定积分的性质和基本积分公式求一些较简单的不定积分.

例 6 求 $\int(3x^3 - 4x^2 + 2x - 5)\mathrm{d}x$.

解
$$\begin{aligned}\int(3x^3 - 4x^2 + 2x - 5)\mathrm{d}x &= \int 3x^3\mathrm{d}x - \int 4x^2\mathrm{d}x + \int 2x\mathrm{d}x - \int 5\mathrm{d}x \\ &= \frac{3}{4}x^4 - \frac{4}{3}x^3 + x^2 - 5x + C\end{aligned}$$

利用性质将不定积分拆成 4 项，得到 4 个积分常数，因有限个任意常数之和仍为任意常数，因此结果只写一个任意常数即可.

例 7 求$\int(2^x-3\sin x)\mathrm{d}x$.

解 $\int(2^x-3\sin x)\mathrm{d}x=\int 2^x\mathrm{d}x-3\int\sin x\mathrm{d}x=\dfrac{1}{\ln 2}2^x+3\cos x+C$

验证一个积分运算是否正确，只需看所得结果的导数是否等于被积函数即可．在例 7 中，因$\left(\dfrac{1}{\ln 2}2^x+3\cos x+C\right)'=2^x-3\sin x$，所以上述积分结果是正确的.

有些不定积分虽然不能直接使用基本积分公式计算，但将被积函数经过适当的代数或三角恒等变形，便可利用不定积分的性质及基本积分公式计算．

例 8 求$\int\sqrt{x}(x+1)(x-1)\mathrm{d}x$.

解
$$\begin{aligned}&\int\sqrt{x}(x+1)(x-1)\mathrm{d}x\\&=\int\sqrt{x}(x^2-1)\mathrm{d}x\\&=\int(x^{\frac{5}{2}}-x^{\frac{1}{2}})\mathrm{d}x\\&=\frac{2}{7}x^{\frac{7}{2}}-\frac{2}{3}x^{\frac{3}{2}}+C\end{aligned}$$

例 9 求$\int\left(\mathrm{e}^{x+1}-\dfrac{1}{x}+3^x\cdot 4^{-x}\right)\mathrm{d}x$.

解
$$\begin{aligned}\int\left(\mathrm{e}^{x+1}-\frac{1}{x}+3^x\cdot 4^{-x}\right)\mathrm{d}x&=\int\mathrm{e}\cdot\mathrm{e}^x\mathrm{d}x-\int\frac{1}{x}\mathrm{d}x+\int\left(\frac{3}{4}\right)^x\mathrm{d}x\\&=\mathrm{e}^{x+1}-\ln|x|+\frac{1}{\ln\left(\frac{3}{4}\right)}\left(\frac{3}{4}\right)^x+C\end{aligned}$$

例 10 求$\int\dfrac{x^2-1}{x^2+1}\mathrm{d}x$.

解
$$\begin{aligned}\int\frac{x^2-1}{x^2+1}\mathrm{d}x&=\int\frac{x^2+1-2}{x^2+1}\mathrm{d}x\\&=\int\left(1-\frac{2}{x^2+1}\right)\mathrm{d}x\\&=x-2\arctan x+C\end{aligned}$$

例 11 求$\int\dfrac{x^4}{x^2+1}\mathrm{d}x$.

解 $\int \frac{x^4}{x^2+1}dx = \int \frac{x^4-1+1}{x^2+1}dx = \int\left(x^2-1+\frac{1}{x^2+1}\right)dx$

$$= \frac{1}{3}x^3 - x + \arctan x + C$$

上述例题说明，若被积函数不是基本积分表中所列类型，则需把被积函数变形为基本积分表中所列类型，然后利用基本积分公式和不定积分的性质求出其不定积分，这种求不定积分的方法叫**直接积分法**.

习题 4.1

1. 填空题（观察法）.

(1) 因（　　）$'=\sqrt{x}$，故$\sqrt{x}$的原函数为（　　），于是$\int \sqrt{x}\,dx=$（　　）.

(2) 因（　　）$'=e^{-x}$，故 e^{-x}的原函数为（　　），于是$\int e^{-x}dx=$（　　）.

(3) 因（　　）$'=\frac{2x}{1+x^2}$，故$\frac{2x}{1+x^2}$的原函数为（　　），于是$\int \frac{2x}{1+x^2}dx=$（　　）.

(4) 因 $(2^{3x})'=$（　　），故 2^{3x}是（　　）的一个原函数.

(5) 函数 $\cos 2x$ 是函数（　　）的一个原函数.

2. 求下列不定积分.

(1) $\int \frac{1}{x^3}dx$；　　(2) $\int \frac{x^2-\sqrt{x}+1}{x\sqrt{x}}dx$；

(3) $\int \frac{1}{\sqrt[3]{x^4}}dx$；　　(4) $\int \frac{x}{\sqrt{x^5}}dx$；

(5) $\int \frac{3^x}{e^x}dx$；　　(6) $\int \sec x(\sec x-\tan x)dx$；

(7) $\int \frac{dx}{1+\cos 2x}dx$；　　(8) $\int \frac{e^{2x}-2^x}{e^x}dx$；

(9) $\int \frac{2+x^2}{x^2(x^2+1)}dx$；　　(10) $\int 3^x e^x dx$；

(11) $\int \frac{\cos 2x}{\cos^2 x \sin^2 x}dx$；　　(12) $\int \frac{\sin 2x}{\cos x}dx$.

4.2　换元积分法

直接利用基本积分公式及不定积分的性质所能计算的不定积分是非常有限的，为了求出更多的初等函数的不定积分，应首先学习一种常用的积分法——换元积分法，简称换元法，一般分为两种类型.

4.2.1 第一类换元积分法（凑微分法）

考察不定积分$\int \cos 2x\mathrm{d}x$.

被积函数 $\cos 2x$ 是 x 的复合函数，并没有相应的基本积分公式可直接采用，此时须把不定积分$\int \cos 2x\mathrm{d}x$ 化成某个基本积分公式的形式：

$$\int\cos 2x\mathrm{d}x=\int\cos 2x\cdot\frac{1}{2}\mathrm{d}(2x)=\frac{1}{2}\int\cos 2x\mathrm{d}(2x)$$

$$\xlongequal{\text{令 } 2x=u}\frac{1}{2}\int\cos u\mathrm{d}u=\frac{1}{2}\sin u+C$$

$$\xlongequal{u=2x}\frac{1}{2}\sin 2x+C$$

这种先“凑”微分再作变换的积分法叫第一类换元积分法，又称凑微分法. 对一般情形，有如下定理.

定理 4.3 若$\int f(u)\mathrm{d}u=F(u)+C$ 且 $u=\varphi(x)$ 可微，则有换元公式

$$\int f[\varphi(x)]\varphi'(x)\mathrm{d}x=F[\varphi(x)]+C \tag{4-1}$$

实际上，换元积分法是微分运算中复合函数求导的逆运算.

由于 $$(F[\varphi(x)])'=F'(u)\cdot\varphi'(x)=f(u)\cdot\varphi'(x)=f[\varphi(x)]\varphi'(x)$$

故 $$\int f[\varphi(x)]\varphi'(x)\mathrm{d}x=F[\varphi(x)]+C$$

说明：(1) 公式（4-1）称为第一类换元积分公式，被积表达式中的 $\mathrm{d}x$ 可当作变量 x 的微分来对待，从而微分等式 $\varphi'(x)\mathrm{d}x=\mathrm{d}u$ 可以应用到被积函数中，这样公式（4-1）就可理解为：

$$\int f[\varphi(x)]\varphi'(x)\mathrm{d}x\xlongequal{u=\varphi(x)}\int f(u)\mathrm{d}u=F(u)+C=F[\varphi(x)]+C$$

故称此积分法为第一类换元积分法，其特点是将被积函数中的某一部分函数视为一个新的变量.

(2) 公式（4-1）也可理解为：$\int f[\varphi(x)]\varphi'(x)\mathrm{d}x=\int f[\varphi(x)]\mathrm{d}\varphi(x)=F[\varphi(x)]+C$，因此，第一类换元积分法也被称为凑微分法.

(3) 在求不定积分$\int g(x)\mathrm{d}x$ 时，如果函数 $g(x)$ 可以化为 $g(x)=f[\varphi(x)]\varphi'(x)$ 的形式，那么$\int g(x)\mathrm{d}x=\int f[\varphi(x)]\varphi'(x)\mathrm{d}x=\left[\int f(u)\mathrm{d}u\right]_{u=\varphi(x)}$.

例 1　求 $\int 2x\sqrt{1+x^2}\,\mathrm{d}x$.

解　作变量代换 $u=x^2+1$，则 $\mathrm{d}u=\mathrm{d}(x^2+1)=2x\mathrm{d}x$，于是有

$$\begin{aligned}\int 2x\sqrt{1+x^2}\,\mathrm{d}x &= \int \sqrt{1+x^2}\,(x^2+1)'\,\mathrm{d}x \\ &= \int \sqrt{1+x^2}\,\mathrm{d}(1+x^2) = \int \sqrt{u}\,\mathrm{d}u \\ &= \frac{2}{3}u^{\frac{3}{2}}+C = \frac{2}{3}(1+x^2)^{\frac{3}{2}}+C\end{aligned}$$

例 2　求 $\int (3x-1)^{2005}\mathrm{d}x$.

解　作变量代换 $u=3x-1$，则 $\mathrm{d}u=3\mathrm{d}x$，于是

$$\int (3x-1)^{2005}\mathrm{d}x = \int u^{2005}\cdot\frac{1}{3}\mathrm{d}u = \frac{1}{3}\times\frac{1}{2006}u^{2006}+C = \frac{1}{6018}(3x-1)^{2006}+C$$

在求复合函数的导数时，我们通常不写出中间变量. 同样地，在比较熟悉不定积分的换元积分法后，也可以不写出中间变量的引入过程.

例 3　求 $\int \frac{\mathrm{d}x}{3+2x}$.

解　$\int \frac{\mathrm{d}x}{3+2x} = \frac{1}{2}\int \frac{\mathrm{d}(3+2x)}{3+2x} = \frac{1}{2}\ln|3+2x|+C$

例 4　求 $\int \frac{2x-3}{x^2-3x-1}\mathrm{d}x$.

解　$\int \frac{2x-3}{x^2-3x-1}\mathrm{d}x = \int \frac{1}{x^2-3x-1}\mathrm{d}(x^2-3x-1) = \ln|x^2-3x-1|+C$

例 5　求 $\int (\ln x)^2\frac{1}{x}\mathrm{d}x$.

解　$\int (\ln x)^2\frac{1}{x}\mathrm{d}x = \int (\ln x)^2\mathrm{d}(\ln x) = \frac{1}{3}(\ln x)^3+C$

由例 3、例 4、例 5 可知，有些时候需要对被积函数先作恒等变形后再凑微分，目的是为了便于利用基本积分公式.

第一类换元积分法在积分学中是经常使用的，不过如何适当地选择变量代换，却没有一般的法则可循，这种方法的关键是凑微分. 要掌握这种方法，需要熟记一些函数的微分公式，并善于根据这些微分公式，从被积表达式中拼凑出合适的微分因子. 此外，还需要熟悉一些典型的例子，并要多做练习，不断积累经验.

例如：

$$\mathrm{d}x=\frac{1}{a}\mathrm{d}(ax+b),\qquad x\mathrm{d}x=\frac{1}{2}\mathrm{d}(x^2+b)$$

$$x\mathrm{d}x=\frac{1}{2a}\mathrm{d}(ax^2+b),\quad \frac{1}{x}\mathrm{d}x=\mathrm{d}\ (\ln|x|+C)$$

$$\frac{1}{x^2}\mathrm{d}x=\mathrm{d}\left(-\frac{1}{x}+C\right),\quad \frac{1}{\sqrt{x}}\mathrm{d}x=2\mathrm{d}(\sqrt{x}+C)$$

$$\mathrm{e}^x\mathrm{d}x=\mathrm{d}(\mathrm{e}^x+C),\quad \mathrm{e}^{ax}\mathrm{d}x=\frac{1}{a}\mathrm{d}(\mathrm{e}^{ax}+C)$$

$$\cos x\mathrm{d}x=\frac{1}{a}\mathrm{d}(a\sin x+C),\quad \sin x\mathrm{d}x=-\frac{1}{a}\mathrm{d}(a\cos x+C)$$

$$\frac{1}{1+x^2}\mathrm{d}x=\frac{1}{a}\mathrm{d}(a\arctan x+C),\quad \frac{1}{\sqrt{1-x^2}}\mathrm{d}x=\frac{1}{a}\mathrm{d}(a\arcsin x+C)$$

例 6 求$\int\frac{1}{a^2+x^2}\mathrm{d}x$.

解 $\int\frac{1}{a^2+x^2}\mathrm{d}x=\int\frac{1}{a^2\left(1+\frac{x^2}{a^2}\right)}\mathrm{d}x=\frac{1}{a}\int\frac{1}{1+\left(\frac{x}{a}\right)^2}\mathrm{d}\left(\frac{x}{a}\right)=\frac{1}{a}\arctan\frac{x}{a}+C$

例 7 求$\int\frac{1}{x^2-a^2}\mathrm{d}x(a\neq 0)$.

解 $\int\frac{1}{x^2-a^2}\mathrm{d}x=\int\frac{1}{(x-a)(x+a)}\mathrm{d}x=\int\frac{1}{2a}\left(\frac{1}{x-a}-\frac{1}{x+a}\right)\mathrm{d}x$

$=\frac{1}{2a}\left[\int\frac{1}{x-a}\mathrm{d}(x-a)-\int\frac{1}{x+a}\mathrm{d}(x+a)\right]=\frac{1}{2a}[\ln|x-a|-\ln|x+a|]+C$

> 注意：在求不定积分时，采用不同的方法，可能求得的积分结果的形式不一样. 只要对所得积分结果求导，就可验证结果是否正确.

例 8 求$\int\frac{1}{\sqrt{a^2-x^2}}\mathrm{d}x(a>0)$.

解 $\int\frac{1}{\sqrt{a^2-x^2}}\mathrm{d}x=\int\frac{1}{a\sqrt{1-\left(\frac{x}{a}\right)^2}}\mathrm{d}x=\frac{1}{a}\cdot a\int\frac{1}{\sqrt{1-\left(\frac{x}{a}\right)^2}}\mathrm{d}\left(\frac{x}{a}\right)$

$=\arcsin\frac{x}{a}+C$

例 9 求$\int\frac{1}{x(1+2\ln x)}\mathrm{d}x$.

解 $\int\frac{1}{x(1+2\ln x)}\mathrm{d}x=\int\frac{1}{1+2\ln x}\cdot\frac{1}{x}\mathrm{d}x=\frac{1}{2}\int\frac{1}{1+2\ln x}\mathrm{d}(2\ln x+1)$

$=\frac{1}{2}\ln|1+2\ln x|+C$

从上述积分中看出：如果被积函数是基本积分表中的函数，则可以直接积分；如果被积函数不是基本积分表中的函数，先观察被积函数的形式，然后根据其形式把被积函数化为基本积分表中的形式，此时可以采用变量替换或凑微分的方法．所以在积分过程中，要灵活地使用各种技巧，正确地使用各个公式．

4.2.2　第二类换元积分法

第一类换元积分法是作代换 $u=\varphi(x)$，使得积分 $\int f[\varphi(x)]\varphi'(x)\mathrm{d}x$ 变为积分 $\int f(u)\mathrm{d}u$，从而利用 $f(u)$ 的原函数求出积分 $\int f[\varphi(x)]\varphi'(x)\mathrm{d}x$．但是，有时不易凑微分却可以作一个代换 $x=\psi(t)$，把积分 $\int f(x)\mathrm{d}x$ 转化成 $\int f[\psi(t)]\psi'(t)\mathrm{d}t$，若后者容易求出，则前者就可以求出了．这相当于从相反的方向运用第一类换元积分公式．

定理 4.4　设 $x=\psi(t)$ 单调可微，且 $\psi'(t)\neq 0$，若

$$\int f[\psi(t)]\psi'(t)\mathrm{d}t = F(t)+C$$

则

$$\int f(x)\mathrm{d}x = F[\psi^{-1}(x)]+C \tag{4-2}$$

其中 $t=\psi^{-1}(x)$ 是 $x=\psi(t)$ 的反函数．

读者不难验证 $F[\psi^{-1}(x)]+C$ 的导数是 $f(x)$．

说明：(1) 公式 (4-2) 称为第二类换元积分公式，公式 (4-2) 可理解为：

$$\int f(x)\mathrm{d}x \xlongequal{x=\psi(t)} \int f[\psi(t)]\psi'(t)\mathrm{d}t = F(t)+C = F[\psi^{-1}(x)]+C$$

其特点是将积分变量 x 视为某个新变量的函数．

(2) 利用公式 (4-2) 的关键在于选择适当的变量代换 $x=\psi(t)$，请看下面几个例子．

例 10　求 $\int \dfrac{\mathrm{d}x}{1+\sqrt{x}}$．

解　令 $\sqrt{x}=t$，则有 $x=t^2$，$\mathrm{d}x=2t\mathrm{d}t$．

所以

$$\int \frac{\mathrm{d}x}{1+\sqrt{x}} \xlongequal{\sqrt{x}=t} \int \frac{2t}{1+t}\mathrm{d}t = 2\int\left(1-\frac{1}{1+t}\right)\mathrm{d}t$$

$$= 2(t-\ln|1+t|)+C$$

$$= 2(\sqrt{x} - \ln(1+\sqrt{x})) + C$$

例 11 求 $\int \sqrt{a^2-x^2}\,\mathrm{d}x$ $(a>0)$.

解 令 $x=a\sin t\left(-\frac{\pi}{2}<t<\frac{\pi}{2}\right)$，则 $\mathrm{d}x=a\cos t\mathrm{d}t$，$\sqrt{a^2-x^2}=\sqrt{a^2-a^2\sin^2 t}=a\cos t$

$$\text{原式} = \int a\cos t \cdot a\cos t\mathrm{d}t = a^2\int \cos^2 t\mathrm{d}t = a^2\int \frac{1+\cos 2t}{2}\mathrm{d}t = \frac{a^2}{2}\left(\int \mathrm{d}t + \int \cos 2t\mathrm{d}t\right)$$

$$= \frac{a^2}{2}\left(t+\frac{1}{2}\sin 2t\right)+C = \frac{a^2}{2}\left(\arcsin\frac{x}{a}+\frac{1}{2}x\sqrt{a^2-x^2}\right)+C$$

例 12 求 $\int \frac{1}{\sqrt{x^2+a^2}}\mathrm{d}x(a>0)$.

解 设 $x=a\tan t\left(-\frac{\pi}{2}<t<\frac{\pi}{2}\right)$，则有 $t=\arctan\frac{x}{a}$，$\mathrm{d}x=a\sec^2 t\mathrm{d}t$，$\sqrt{x^2+a^2}=\sqrt{(a\tan t)^2+a^2}=a\sec t$.

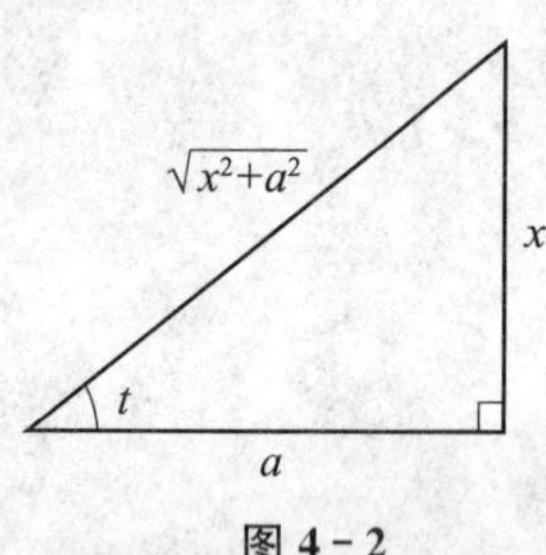

图 4-2

$$\text{于是}\int \frac{\mathrm{d}x}{\sqrt{x^2+a^2}} = \int \frac{1}{a\sec t}\cdot a\sec^2 t\mathrm{d}t$$

$$= \int \sec t\mathrm{d}t = \ln|\sec t+\tan t|+C_1$$

根据代换式 $x=a\tan t\left(-\frac{\pi}{2}<t<\frac{\pi}{2}\right)$作直角三角形，如图 4-2 所示，得 $\sec t=\frac{\sqrt{x^2+a^2}}{a}$，因此有

$$\int \frac{\mathrm{d}x}{\sqrt{x^2+a^2}} = \ln\left|\frac{x}{a}+\frac{\sqrt{x^2+a^2}}{a}\right|+C_1$$

$$= \ln\left|x+\sqrt{x^2+a^2}\right|+C, \text{其中 } C=C_1-\ln a.$$

例 13 求 $\int \frac{\mathrm{d}x}{\sqrt{x^2-a^2}}(a>0)$.

解 当 $x>a$ 时，设 $x=a\sec t\left(0<t<\frac{\pi}{2}\right)$，则有 $\mathrm{d}x=a\sec t\tan t\mathrm{d}t$.

$$\text{于是}\quad \int \frac{\mathrm{d}x}{\sqrt{x^2-a^2}} = \int \frac{a\sec t\tan t}{a\tan t}\mathrm{d}t = \int \sec t\mathrm{d}t$$

$$= \ln|\sec t+\tan t|+C_1$$

根据代换式 $x=a\sec t\left(0<t<\frac{\pi}{2}\right)$作直角三角形，如图 4-3 所示，得 $\tan t=\frac{\sqrt{x^2-a^2}}{a}$，因此有

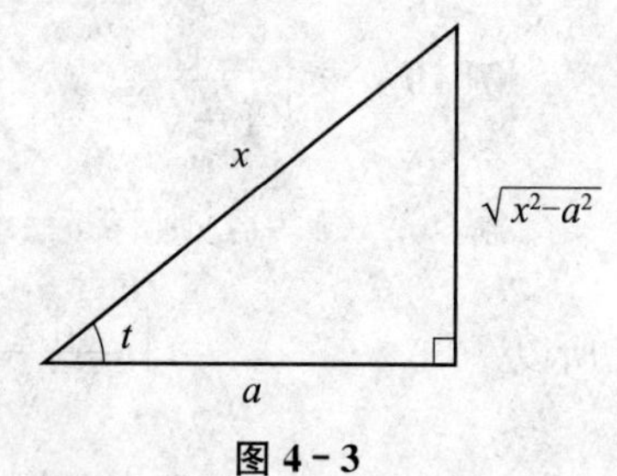

图 4-3

$$\int \frac{\mathrm{d}x}{\sqrt{x^2-a^2}} = \ln\left|\frac{x}{a}+\frac{\sqrt{x^2-a^2}}{a}\right|+C_1 = \ln\left|x+\sqrt{x^2-a^2}\right|+C(C=C_1-\ln a)$$

对于 $x<-a$，设 $x=a\sec t\left(\frac{\pi}{2}<t<\pi\right)$，同样得出

$$\int \frac{\mathrm{d}x}{\sqrt{x^2-a^2}} = \ln\left|x+\sqrt{x^2-a^2}\right|+C$$

例 11、例 12、例 13 中所用的代换称为**三角代换**．对于 $\sqrt{a^2-x^2}$ 可作代换 $x=a\sin t$ $\left(-\frac{\pi}{2}<t<\frac{\pi}{2}\right)$；对于 $\sqrt{x^2+a^2}$ 可作代换 $x=a\tan t\left(-\frac{\pi}{2}<t<\frac{\pi}{2}\right)$；对于 $\sqrt{x^2-a^2}$ 可作代换 $x=a\sec t\,(0<t<\pi)$．这样便可消去根式，但对具体问题要具体分析，不必拘泥于上述三角代换．例如：

$$\int x\sqrt{4-x^2}\,\mathrm{d}x = -\frac{1}{2}\int\sqrt{4-x^2}\,\mathrm{d}(4-x^2) = -\frac{1}{3}(4-x^2)^{\frac{3}{2}}+C$$

这比使用代换 $x=2\sin t$ 来计算简便得多．

习题 4.2

1. 填空题．

(1) $\mathrm{d}x=$________ $\mathrm{d}(ax+b)(a\neq 0)$；

(2) $x\mathrm{d}x=$________ $\mathrm{d}(2x^2+1)$；

(3) $\frac{1}{\sqrt{x}}\mathrm{d}x=$________ $\mathrm{d}(3\sqrt{x})$；

(4) $\mathrm{e}^{2x}\mathrm{d}x=$________ $\mathrm{d}(\mathrm{e}^{2x})$；

(5) $\frac{1}{x}\mathrm{d}x=$________ $\mathrm{d}(3-5\ln x)$；

(6) $\sin\frac{3}{2}x\mathrm{d}x=$________ $\mathrm{d}\left(\cos\frac{3}{2}x\right)$；

(7) $\frac{\mathrm{d}x}{\sqrt{1-x^2}}=$________ $\mathrm{d}(1-2\arcsin x)$；

(8) $\frac{\mathrm{d}x}{1+9x^2}=$________ $\mathrm{d}(\arctan 3x)$；

(9) $x^3\mathrm{d}x=$________ $\mathrm{d}(1-3x^4)$；

(10) $\frac{2}{x^2}\mathrm{d}x=$________ $\mathrm{d}\left(1+\frac{1}{x}\right)$．

2. 求下列不定积分．

(1) $\int(3x-2)^5\mathrm{d}x$；

(2) $\int x\sin x^2\mathrm{d}x$；

(3) $\int\frac{\mathrm{d}t}{2+3t}$；

(4) $\int(1-2x)^{10}\mathrm{d}x$；

(5) $\int\cos(2x-3)\mathrm{d}x$；

(6) $\int\mathrm{e}^{-3x}\mathrm{d}x$；

(7) $\int\frac{2x-3}{x^2-3x+1}\mathrm{d}x$；

(8) $\int\frac{1}{x\ln x}\mathrm{d}x$；

(9) $\int\frac{\mathrm{e}^x}{\mathrm{e}^x+1}\mathrm{d}x$；

(10) $\int\frac{x}{1+x^4}\mathrm{d}x$；

(11) $\int\frac{\mathrm{d}x}{\sqrt{9-4x^2}}$；

(12) $\int\cos^3 x\mathrm{d}x$；

(13) $\int\frac{\mathrm{d}x}{(\arcsin x)^2\sqrt{1-x^2}}$；　　(14) $\int\frac{\sin\sqrt{x}}{\sqrt{x}}\mathrm{d}x$.

3. 求下列不定积分.

(1) $\int x\sqrt{x+1}\mathrm{d}x$；　　(2) $\int\frac{1}{1+\sqrt{2x}}\mathrm{d}x$；

(3) $\int\sqrt[5]{x+1}\mathrm{d}x$；　　(4) $\int\frac{\sqrt{x+1}-1}{\sqrt{x+1}+1}\mathrm{d}x$；

(5) $\int\frac{x^2}{\sqrt{1-x^2}}\mathrm{d}x$；　　(6) $\int\frac{\sqrt{x^2-9}}{x}\mathrm{d}x$.

4.3　分部积分法

分部积分法是常用的另一种基本积分法，它能解决采用前面所介绍的积分法不能解决的部分求积分问题，往往与换元积分法配合运用，是微分学中两个函数乘积的微分运算的逆运算.

定理 4.5　设 $u(x)$，$v(x)$ 都具有连续导数，则有分部积分公式

$$\int u(x)v'(x)\mathrm{d}x=u(x)v(x)-\int v(x)u'(x)\mathrm{d}x$$

或简写成

$$\int u\mathrm{d}v=uv-\int v\mathrm{d}u$$

从公式知，若求 $\int u\mathrm{d}v=\int uv'\mathrm{d}x$ 有困难，而求 $\int v\mathrm{d}u=\int u'v\mathrm{d}x$ 较容易时，分部积分公式就可以发挥作用了. 下面举例说明如何利用分部积分公式.

例 1　求 $\int x\cos 2x\mathrm{d}x$.

解　设 $u(x)=x$，$v'(x)=\cos 2x$，不防取 $v(x)=\frac{1}{2}\sin 2x$，则由分部积分公式，得

$$\begin{aligned}\int x\cos 2x\mathrm{d}x&=\frac{1}{2}\int x(\sin 2x)'\mathrm{d}x\\&=\frac{1}{2}\int x\mathrm{d}(\sin 2x)=\frac{1}{2}x\cdot\sin 2x-\frac{1}{2}\int\sin 2x\mathrm{d}x\\&=\frac{1}{2}x\sin 2x+\frac{1}{4}\cos 2x+C\end{aligned}$$

综上可知，把较难的积分 $\int x\cos 2x\mathrm{d}x$ 转化为易积分的 $\int\sin 2x\mathrm{d}x$，从而可以把原来的积分求出来. 在上述过程中，$u(x)$，$v(x)$ 是否可以随便选择呢？我们再用另外一种选择方式取 $u'(x)=x$，$v(x)=\cos 2x$，则由分部积分公式有

$$\int\left(\frac{1}{2}x^2\right)'\cos 2x\mathrm{d}x=\int\cos 2x\mathrm{d}\left(\frac{1}{2}x^2\right)$$

$$=\frac{1}{2}x^2\cdot\cos 2x-\frac{1}{2}\int x^2\mathrm{d}(\cos 2x)$$

$$=\frac{1}{2}x^2\cos 2x+\int x^2\sin 2x\mathrm{d}x$$

显然，$\int x^2\sin 2x\mathrm{d}x$ 不容易积出，所以恰当地选取 $u(x)$，$v(x)$ 是关键.

例 2　求 $\int x\mathrm{e}^x\mathrm{d}x$.

解　设 $u(x)=x$，$v'(x)=\mathrm{e}^x$，则

$$\int x\mathrm{e}^x\mathrm{d}x=\int x\mathrm{d}(\mathrm{e}^x)$$

$$=x\mathrm{e}^x-\int \mathrm{e}^x\mathrm{d}x=x\mathrm{e}^x-\mathrm{e}^x+C$$

例 3　求 $\int x^3\mathrm{e}^{2x}\mathrm{d}x$.

解　设 $u(x)=x^3$，$v'(x)=\mathrm{e}^{2x}$则

$$\int x^3\mathrm{e}^{2x}\mathrm{d}x=\frac{1}{2}\int x^3(\mathrm{e}^{2x})'\mathrm{d}x$$

$$=\frac{1}{2}\int x^3\mathrm{d}(\mathrm{e}^{2x})=\frac{1}{2}x^3\mathrm{e}^{2x}-\frac{1}{2}\int \mathrm{e}^{2x}\mathrm{d}(x^3)$$

$$=\frac{1}{2}x^3\mathrm{e}^{2x}-\frac{3}{2}\int x^2\mathrm{e}^{2x}\mathrm{d}x$$

$$=\frac{1}{2}x^3\mathrm{e}^{2x}-\frac{3}{4}\int x^2\mathrm{d}\mathrm{e}^{2x}$$

$$=\frac{1}{2}x^3\mathrm{e}^{2x}-\frac{3}{4}\left(x^2\mathrm{e}^{2x}-2\int x\mathrm{e}^{2x}\mathrm{d}x\right)$$

$$=\frac{1}{2}x^3\mathrm{e}^{2x}-\frac{3}{4}x^2\mathrm{e}^{2x}+\frac{3}{4}\int x\mathrm{e}^{2x}\mathrm{d}\mathrm{e}^{2x}$$

$$=\frac{1}{2}x^3\mathrm{e}^{2x}-\frac{3}{4}x^2\mathrm{e}^{2x}+\frac{3}{4}x\mathrm{e}^{2x}-\frac{3}{8}\mathrm{e}^{2x}+C$$

由例 3 可知，有的积分可以多次使用分部积分法，直到完全积出来为止.

一般情况下，当被积函数为幂函数和指数函数或三角函数的乘积时，一般设幂函数为 $u(x)$，从而使积分容易积出.

例 4　求 $\int x^3\ln x\mathrm{d}x$.

解　设 $u(x)=\ln x$，$v'(x)=x^3$，则

$$\int x^3\ln x\mathrm{d}x=\int \ln x\mathrm{d}\left(\frac{1}{4}x^4\right)$$

$$
\begin{aligned}
&= \frac{x^4}{4}\ln x - \int \frac{x^4}{4}\mathrm{d}(\ln x) \\
&= \frac{x^4}{4}\ln x - \int \frac{x^4}{4}\cdot\frac{1}{x}\mathrm{d}x \\
&= \frac{x^4}{4}\ln x - \frac{1}{4}\int x^3\mathrm{d}x \\
&= \frac{x^4}{4}\ln x - \frac{x^4}{16} + C
\end{aligned}
$$

例 5 求$\int x\arctan x\mathrm{d}x$.

解 设$u(x)=\arctan x$，$v'(x)=x$，则

$$
\begin{aligned}
\int x\arctan x\mathrm{d}x &= \int \arctan x\mathrm{d}\left(\frac{x^2}{2}\right) \\
&= \frac{x^2}{2}\arctan x - \int \frac{x^2}{2}\mathrm{d}(\arctan x) \\
&= \frac{x^2}{2}\arctan x - \frac{1}{2}\int x^2\cdot\frac{1}{1+x^2}\mathrm{d}x \\
&= \frac{x^2}{2}\arctan x - \frac{x}{2} + \frac{1}{2}\arctan x + C
\end{aligned}
$$

例 6 求$\int \arccos x\mathrm{d}x$.

解 可直接应用分部积分法.

$$
\begin{aligned}
\int \arccos x\mathrm{d}x &= x\arccos x - \int x\mathrm{d}(\arccos x) \\
&= x\arccos x - \int x\frac{-1}{\sqrt{1-x^2}}\mathrm{d}x \\
&= x\arccos x - \sqrt{1-x^2} + C
\end{aligned}
$$

一般情况下，当被积函数为幂函数和对数函数或反三角函数的乘积时，把对数函数或反三角函数设为$u(x)$，从而使积分容易积出.

例 7 求$\int \mathrm{e}^{2x}\sin x\mathrm{d}x$.

解

$$
\begin{aligned}
\int \mathrm{e}^{2x}\sin x\mathrm{d}x &= \frac{1}{2}\int \sin x\mathrm{d}\mathrm{e}^{2x} \\
&= \frac{1}{2}\mathrm{e}^{2x}\sin x - \frac{1}{2}\int \mathrm{e}^{2x}\mathrm{d}(\sin x) \\
&= \frac{1}{2}\mathrm{e}^{2x}\sin x - \frac{1}{2}\int \mathrm{e}^{2x}\cos x\mathrm{d}x
\end{aligned}
$$

$$= \frac{1}{2}e^{2x}\sin x - \frac{1}{4}e^{2x}\cos x - \frac{1}{2}\int e^{2x}\sin x\mathrm{d}x$$

即
$$\int e^{2x}\sin x\mathrm{d}x = \frac{1}{2}e^{2x}\sin x - \frac{1}{4}e^{2x}\cos x - \frac{1}{2}\int e^{2x}\sin x\mathrm{d}x.$$

解得

$$\int e^{2x}\sin x\mathrm{d}x = \frac{1}{5}e^{2x}(2\sin x - \cos x) + C$$

本题以解方程的形式把 $\int e^{2x}\sin x\mathrm{d}x$ 解出来，这也是计算不定积分常用的一种方法，再如 $\int \sec^3 x\mathrm{d}x$ 等.

例 8　求 $\int \sin\sqrt{x}\,\mathrm{d}x$.

解　令 $x=t^2$，有 $t=\sqrt{x}$，则

$$\begin{aligned}\int \sin\sqrt{x}\,\mathrm{d}x &= \int \sin t\mathrm{d}(t^2)\\ &= 2\int t\sin t\mathrm{d}t = 2\int t\mathrm{d}(-\cos t)\\ &= 2t(-\cos t) - 2\int -\cos t\mathrm{d}t = -2t\cos t + 2\sin t + C\\ &= -2\sqrt{x}\cos\sqrt{x} + 2\sin\sqrt{x} + C\end{aligned}$$

习题 4.3

1. 求下列不定积分.

(1) $\int x\sin x\mathrm{d}x$；　　(2) $\int \ln x\mathrm{d}x$；

(3) $\int xe^{-x}\mathrm{d}x$；　　(4) $\int \arcsin x\mathrm{d}x$；

(5) $\int x^2\ln x\mathrm{d}x$.

2. 求下列不定积分.

(1) $\int x\ln(x-1)\mathrm{d}x$；　　(2) $\int x^2\cos x\mathrm{d}x$；

(3) $\int \sin\ln x\mathrm{d}x$；　　(4) $\int x\arctan\sqrt{x}\mathrm{d}x$；

(5) $\int x\sin x\cos x\mathrm{d}x$.

第5章　定积分及其应用

定积分是一元函数微积分学的一个重要内容，它和第4章讨论的不定积分有密切的联系，并且定积分的计算主要是通过不定积分来解决的．定积分源于大量的实际问题，是从许多几何问题与物理问题中抽象出来的，并在自然科学、社会科学与工程技术等各种实际问题中有广泛的应用．本章将从几何问题与物理问题实例出发引入定积分的概念，然后给出其性质，最后讨论它的计算方法及其在几何上的应用．

5.1　定积分的概念与性质

5.1.1　引例

不定积分和定积分是积分学中的两大基本问题，求不定积分是求导数的逆运算，而求定积分则是求某种特殊和式的极限，它们之间既有本质的区别，又有紧密的联系．先看两个实例．

1. 曲边梯形的面积

在初等数学中已经学习过一些简单的平面封闭图形（如三角形、圆等）面积的计算．但实际问题中出现的图形常具有不规则的“曲边”，那么怎样计算它们的面积呢？下面以曲边梯形为例来讨论这个问题．

设函数 $y=f(x)$ 在区间 $[a, b]$ 上连续，且 $f(x)\geqslant 0$．由曲线 $y=f(x)$，直线 $x=a, x=b$ 及 x 轴所围成的平面图形如图5-1所示，该平面图形称为曲边梯形．下面将讨论该曲边梯形面积的计算．

由于函数 $y=f(x)$ 上的点的纵坐标不断变化，整个曲边梯形各处的高不相等，差异很大．为使高的变化较小，在区间 $[a, b]$ 内任意插入若干个分点，得到

$$a=x_0<x_1<x_2<\cdots<x_{n-1}<x_n=b$$

这些分点把区间 $[a, b]$ 分割成 n 个小区间

$$[x_0, x_1], [x_1, x_2], \cdots, [x_{n-1}, x_n]$$

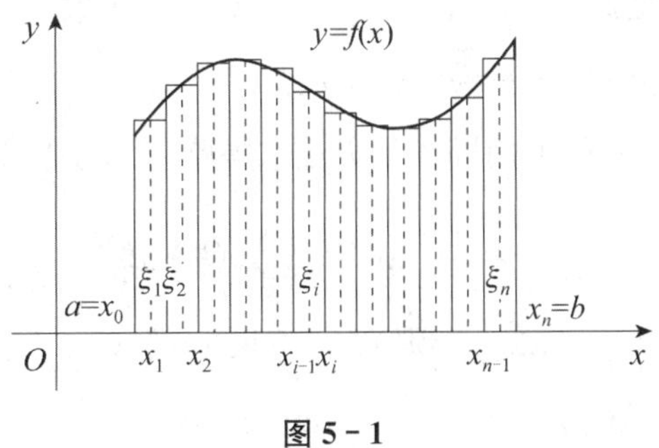

图 5-1

它们的长度依次为

$$\Delta x_1 = x_1 - x_0,\ \Delta x_2 = x_2 - x_1,\ \cdots,\ \Delta x_n = x_n - x_{n-1}$$

经过每一个分点作平行于 y 轴的直线段，从而把曲边梯形分成 n 个窄曲边梯形. 在每一个小区间 $[x_{i-1}, x_i]$ 内任取一点 ξ_i，用以区间 $[x_{i-1}, x_i]$ 为底、以 $f(\xi_i)$ 为高的窄矩形近似代替第 i 个窄曲边梯形（$i=1, 2, \cdots, n$），把这样得到的 n 个窄矩形的面积之和作为所求曲边梯形面积 A 的近似值，即

$$A \approx f(\xi_1)\Delta x_1 + f(\xi_2)\Delta x_2 + \cdots + f(\xi_n)\Delta x_n = \sum_{i=1}^{n} f(\xi_i)\Delta x_i$$

为了保证所有小区间的长度都无限缩小，须要求小区间长度中的最大值趋于零，如设 $\lambda = \max\{\Delta x_1, \Delta x_2, \cdots, \Delta x_n\}$，则上述条件可表示为 $\lambda \to 0$. 当 $\lambda \to 0$ 时（这时分段数 n 无限增多，即 $n \to \infty$），取上述和式的极限，便得曲边梯形的面积

$$A = \lim_{\lambda \to 0} \sum_{i=1}^{n} f(\xi_i)\Delta x_i$$

2. 变速直线运动的路程

设物体作变速直线运动，速度 $v=v(t)$ 是时间 t 的连续函数，且 $v(t) \geqslant 0$. 求物体在时间区间 $[T_1, T_2]$ 内所经过的路程 s.

由于速度 $v(t)$ 随时间的变化而变化，因此不能用匀速直线运动的公式（路程＝速度×时间）来计算物体作变速直线运动的路程. 但由于物体运动的速度 $v(t)$ 是连续变化的，当 t 的变化很小时，速度的变化也非常小，因此在很小的一段时间内，变速直线运动可以被近似看成匀速直线运动. 又因为时间区间 $[T_1, T_2]$ 可以划分为若干个微小的时间区间之和，所以，与前述曲边梯形的面积问题一样，可以采用分割、局部近似、求和、取极限的方法来求变速直线运动的路程.

(1) 分割：用分点 $T_1 = t_0 < t_1 < t_2 < \cdots < t_n = T_2$ 将时间区间 $[T_1, T_2]$ 分成 n 个小区间 $[t_{i-1}, t_i]$（$i=1, 2, \cdots, n$），其中第 i 个时间段的长度为 $\Delta t_i = t_i - t_{i-1}$，物体在此时间段内经过的路程为 Δs_i.

（2）局部近似：当 Δt_i 很小时，在 $[t_{i-1}, t_i]$ 上任取一点 ξ_i，以 $v(\xi_i)$ 来替代 $[t_{i-1}, t_i]$ 上各时刻的速度，则 $\Delta s_i \approx v(\xi_i) \cdot \Delta t_i$.

（3）求和：在每个小区间上用同样的方法求得路程的近似值，再求和，得

$$s = \sum_{i=1}^{n} \Delta s_i \approx \sum_{i=1}^{n} v(\xi_i) \Delta t_i \tag{5-1}$$

（4）取极限：令 $\lambda = \max\limits_{1 \leqslant i \leqslant n} \{\Delta t_i\}$，则当 $\lambda \to 0$ 时，式（5-1）右端的和式作为 s 近似值的误差会趋于零，因此

$$s = \lim_{\lambda \to 0} \sum_{i=1}^{n} v(\xi_i) \Delta t_i$$

以上两个例子尽管来自不同领域，却都可归结为求具有相同结构的一种和式的极限. 此外，在求变力所做的功、水压力、某些空间体的体积等许多问题中，都会出现这种形式的极限，因此，有必要在数学上对它们进行统一研究.

5.1.2 定积分定义

在上述两个例子中，虽然所计算的量具有不同的实际意义（前者是几何量，后者是物理量），但如果抽去它们的实际意义可以看出，计算这些量的思想方法和步骤都是相同的，并最终归结为求一个和式的极限. 对于这种和式的极限给出下面的定义.

定义 5.1 设函数 $y = f(x)$ 在区间 $[a, b]$ 上有界，任意用分点

$$a = x_0 < x_1 < x_2 < \cdots < x_{i-1} < x_i < \cdots < x_{n-1} < x_n = b$$

将区间 $[a, b]$ 分成 n 个小区间 $[x_{i-1}, x_i]$ $(i=1, 2, \cdots, n)$，各小区间长度为 $\Delta x = x_i - x_{i-1}$ $(i=1, 2, \cdots, n)$，在每个小区间 $[x_{i-1}, x_i]$ 上，任取一点 ξ_i $(x_{i-1} \leqslant \xi_i \leqslant x_i)$，有相应的函数值 $f(\xi_i)$，作乘积 $f(\xi_i) \cdot \Delta x_i$ $(i=1, 2, \cdots, n)$ 的和式

$$\sum_{i=1}^{n} f(\xi_i) \Delta x_i$$

如果不论对区间 $[a, b]$ 采取何种分法及 ξ_i 如何选择，令 $\lambda = \max\limits_{1 \leqslant i \leqslant n} \{\Delta x_i\}$，当最大的小区间的长度趋于零，即 $\lambda \to 0$ 时，和式 $\sum\limits_{i=1}^{n} f(\xi_i) \Delta x_i$ 的极限存在，则称此极限值为**函数 $f(x)$ 在区间 $[a, b]$ 上的定积分**，记作 $\int_a^b f(x) \mathrm{d}x$，即

$$\int_a^b f(x) \mathrm{d}x = \lim_{\lambda \to 0} \sum_{i=1}^{n} f(\xi_i) \Delta x_i$$

其中 $f(x)$ 叫作**被积函数**，$f(x)\mathrm{d}x$ 叫作**被积表达式**，x 叫作**积分变量**，a 与 b 分别叫作**积分下限与上限**，$[a, b]$ 叫作**积分区间**.

根据定积分的定义，前面两个例子均可以写成定积分的形式.

曲边梯形的面积 A 等于其曲边 $y=f(x)$ 在其底所在的区间 $[a,b]$ 上的定积分：

$$A=\int_a^b f(x)\mathrm{d}x$$

作变速直线运动的物体所经过的路程 s 等于其速度 $v=v(t)$ 在时间区间 $[T_1,T_2]$ 上的定积分：

$$s=\int_{T_1}^{T_2} v(t)\mathrm{d}t$$

注意：(1) 定积分是一个数值，它仅与被积函数及积分区间有关，而与区间 $[a,b]$ 的分法及点 ξ_i 的取法无关. 如果不改变被积函数与积分区间，而只把积分变量 x 改用其他字母，如用 t 或 u 来代替，那么定积分的值不变，即

$$\int_a^b f(x)\mathrm{d}x=\int_a^b f(t)\mathrm{d}t=\int_a^b f(u)\mathrm{d}u$$

(2) 关于定积分的存在性，这里只给出一个充分条件：如果函数 $f(x)$ 在区间 $[a,b]$ 上连续，那么 $f(x)$ 在 $[a,b]$ 上可积，即定积分 $\int_a^b f(x)\mathrm{d}x$ 一定存在.

(3) 定积分 $\int_a^b f(x)\mathrm{d}x$ 的定义中是假定 $a<b$ 的，为了今后应用方便，有以下的补充规定：

①当 $a>b$ 时，规定 $\int_a^b f(x)\mathrm{d}x=-\int_b^a f(x)\mathrm{d}x$；

②当 $a=b$ 时，规定 $\int_a^b f(x)\mathrm{d}x=0$.

定理 5.1　设 $f(x)$ 在区间 $[a,b]$ 上连续，则 $f(x)$ 在 $[a,b]$ 上可积.

定理 5.2　设 $f(x)$ 在区间 $[a,b]$ 上有界，且只有有限个间断点，则 $f(x)$ 在 $[a,b]$ 上可积.

下面不加证明地给出定积分的性质，并且对于各性质中积分上、下限的大小，如不特别指明，均不加限制. 其中所涉及的函数在讨论的区间上都是可积的.

性质 5.1　函数的和（差）的定积分等于它们的定积分的和（差），即

$$\int_a^b [f(x)\pm g(x)]\mathrm{d}x=\int_a^b f(x)\mathrm{d}x\pm\int_a^b g(x)\mathrm{d}x$$

注意：这个性质可以推广到有限多个函数的情形.

性质 5.2　被积表达式中的常数因子可以提到积分号前面，即

$$\int_a^b kf(x)\mathrm{d}x = k\int_a^b f(x)\mathrm{d}x\text{（}k\text{ 为常数）}$$

性质 5.3 对任意的数 c，有

$$\int_a^b f(x)\mathrm{d}x = \int_a^c f(x)\mathrm{d}x + \int_c^b f(x)\mathrm{d}x$$

这个性质叫作定积分对区间 $[a, b]$ 的可加性.

> 注意：不论 $c\in[a, b]$ 还是 $c\notin[a, b]$，性质 5.3 均成立.

性质 5.4 如果在区间 $[a, b]$ 上 $f(x)\equiv 1$，那么

$$\int_a^b f(x)\mathrm{d}x = b-a$$

这个性质的证明请同学们自行完成.

性质 5.5 如果在区间 $[a, b]$ 上有 $f(x)\geqslant 0$，那么

$$\int_a^b f(x)\mathrm{d}x \geqslant 0 \quad (a<b)$$

推论 1 如果在区间 $[a, b]$ 上有 $f(x)\leqslant g(x)$，那么

$$\int_a^b f(x)\mathrm{d}x \leqslant \int_a^b g(x)\mathrm{d}x\ (a<b)$$

> 注意：推论 1 说明，在积分区间相同的条件下，若想比较两个定积分的大小，只要比较被积函数的大小即可.

推论 2 $\left|\int_a^b f(x)\mathrm{d}x\right| \leqslant \int_a^b |f(x)|\mathrm{d}x\ (a<b)$

> 注意：$|f(x)|$ 在 $[a, b]$ 上的可积性可由 $f(x)$ 在 $[a, b]$ 上的可积性推出.

性质 5.6（估值定理） 如果 $f(x)$ 在 $[a, b]$ 上的最大值为 M，最小值为 m，那么

$$m(b-a)\leqslant \int_a^b f(x)\mathrm{d}x \leqslant M(b-a)\ (a<b)$$

性质 5.7（定积分中值定理） 如果 $f(x)$ 在 $[a, b]$ 上连续，那么在积分区间 $[a, b]$ 上至少存在一点 ξ，使

$$\int_a^b f(x)\mathrm{d}x = f(\xi)(b-a)\ (a\leqslant\xi\leqslant b)$$

这个公式叫作**定积分中值公式**.

定积分中值公式有如下的几何解释：在区间 $[a, b]$ 上至少存在一点 ξ，使得以区

间 $[a,\ b]$ 为底边、以曲线 $y=f(x)$ 为曲边的曲边梯形的面积等于底边相同而高为 $f(\xi)$ 的矩形的面积，如图 5-2 所示.

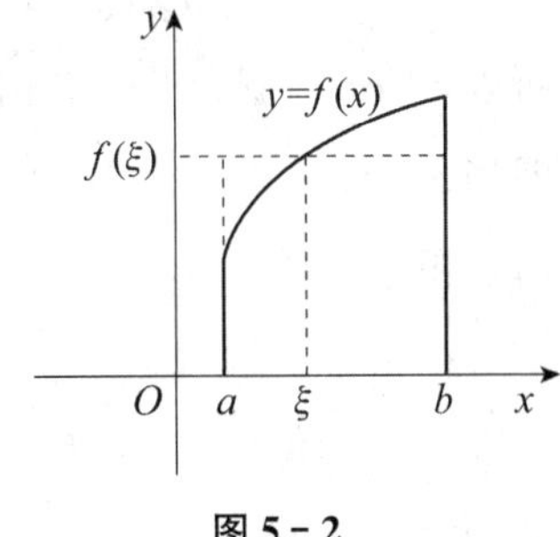

图 5-2

例 1　比较定积分 $\int_{\frac{\pi}{4}}^{\frac{\pi}{2}}\sin x\mathrm{d}x$ 与 $\int_{\frac{\pi}{4}}^{\frac{\pi}{2}}x\mathrm{d}x$ 的大小.

解　容易证明当 $x\in\left[\frac{\pi}{4},\ \frac{\pi}{2}\right]$时，$\sin x<x$.

由性质 5.5 的推论 1，有

$$\int_{\frac{\pi}{4}}^{\frac{\pi}{2}}\sin x\mathrm{d}x\leqslant\int_{\frac{\pi}{4}}^{\frac{\pi}{2}}x\mathrm{d}x$$

5.1.3　定积分的几何意义

当在 $[a,\ b]$ 上有 $f(x)\geqslant 0$ 时，$\int_a^b f(x)\mathrm{d}x$ 在几何上表示以曲线 $y=f(x)$为曲边、以区间 $[a,\ b]$ 为底边的位于 x 轴上方的曲边梯形的面积.

若在 $[a,\ b]$ 上有 $f(x)<0$，这时曲边梯形在 x 轴下方，如图 5-3 所示，由于 $f(\xi_i)<0$，$\Delta x_i>0$，则有

$$\lim_{\lambda\to 0}\sum_{i=1}^{n}f(\xi_i)\Delta x_i\leqslant 0$$

此时，$\int_a^b f(x)\mathrm{d}x$ 在几何上表示曲边梯形面积 A 的负值，即

$$\int_a^b f(x)\mathrm{d}x=-A$$

当 $f(x)$ 在 $[a,\ b]$ 上有正有负时，$\int_a^b f(x)\mathrm{d}x$ 在几何上表示几个曲边梯形面积的代数和，如图 5-4 所示，有 $\int_a^b f(x)\mathrm{d}x=A_1-A_2+A_3$.

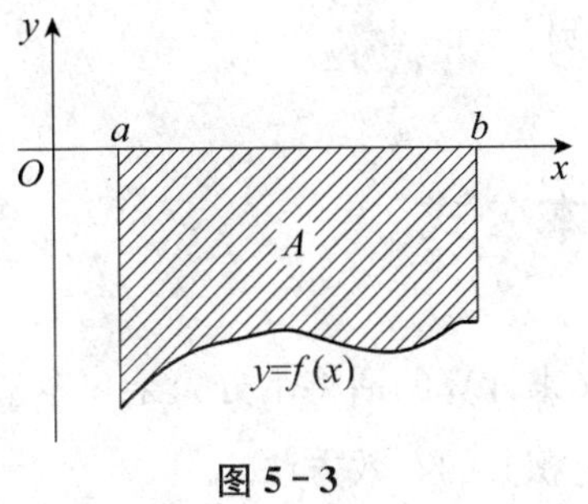

图 5-3

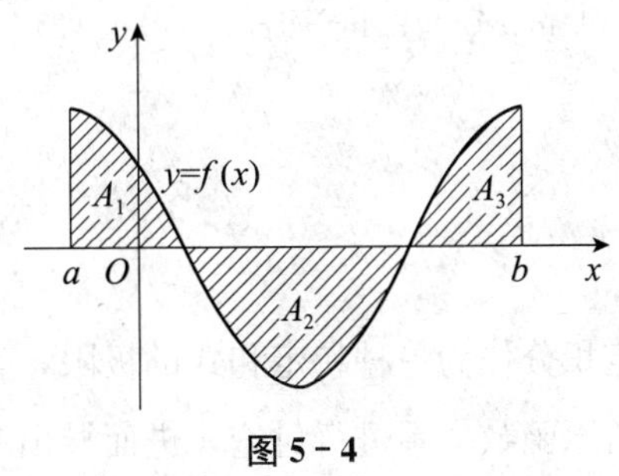

图 5-4

例 2　估计定积分 $\int_2^3(2x^3-3x^2)\mathrm{d}x$ 的值.

解　根据定积分的性质 5.6，令 $f(x)=2x^3-3x^2$，求 $f(x)$ 在区间$[2,\ 3]$上的最

大值与最小值.

$$f'(x)=6x^2-6x=6x(x-1)>0,\ x\in[2,\ 3]$$

所以 $f(x)$ 在区间$[2,\ 3]$上单调增加，有 $f(2)<f(x)<f(3)$.

即当 $x\in[2,\ 3]$时，$4<2x^3-3x^2<27$.

由定积分性质 5.6 可知

$$4\leqslant\int_2^3(2x^3-3x^2)\mathrm{d}x\leqslant 27$$

习题 5.1

1. 用定积分表示下列几何量或物理量.

(1) 由曲线 $y=x^2+1$，直线 $x=-1$，$x=2$ 及 x 轴所围成的曲边梯形的面积 $A=$________.

(2) 由曲线 $y=\sin x(0\leqslant x\leqslant\pi)$ 与 x 轴所围成的曲边梯形的面积 $A=$________.

(3) 一质点作直线运动，其速率是时间 t 的函数 $v=t^2+3(\mathrm{m/s})$，则从 $t=0$ 到 $t=4$ 的时间内，该质点所走过的路程 $S=$________m.

(4) 设有一质量分布不均匀的细棒，其长度为 2 m，在距离左端 x m 处的线密度（单位长度的质量）为 $\rho=2+5x(\mathrm{g/m})$，则细棒的质量 $M=$________g.

2. 利用定积分的几何意义求下列定积分的值.

(1) $\int_{-1}^{2}x\mathrm{d}x$；　(2) $\int_{-1}^{1}|x|\mathrm{d}x$；　(3) $\int_{-1}^{1}\sqrt{1-x^2}\mathrm{d}x$；　(4) $\int_{1}^{3}1\mathrm{d}x$.

3. 利用定积分的几何意义说明下列等式成立.

(1) $\int_0^1 x\mathrm{d}x=\frac{1}{2}$；　(2) $\int_0^a\sqrt{a^2-x^2}\,\mathrm{d}x=\frac{a^2\pi}{4}$；

(3) $\int_{-\frac{\pi}{2}}^{\frac{\pi}{2}}\sin x\mathrm{d}x=0$；　(4) $\int_{-\frac{\pi}{2}}^{\frac{\pi}{2}}\cos x\mathrm{d}x=2\int_0^{\frac{\pi}{2}}\cos x\mathrm{d}x$.

4. 利用定积分的性质，比较下列各组积分值的大小.

(1) $\int_3^4\ln x\mathrm{d}x$ 与 $\int_3^4\ln^2 x\mathrm{d}x$；　(2) $\int_0^{\frac{\pi}{2}}\sin^2 x\mathrm{d}x$ 与 $\int_0^{\frac{\pi}{2}}\sin^3 x\mathrm{d}x$

5.2　微积分基本公式

定积分作为一种特定和式的极限，直接按定义来计算的话将十分繁杂，本节将对定积分与原函数关系进行讨论，进而导出一种计算定积分的有效方法.

其实在变速直线运动的路程问题中已经蕴含了上述关系的内容. 设物体以速度 $v=v(t)$作直线运动，要求计算 $[T_1,\ T_2]$ 内经过的路程. 从定积分概念可知，物体在时间区间 $[T_1,\ T_2]$ 内经过的路程可以用速度函数 $v(t)$ 在 $[T_1,\ T_2]$ 上的定积分来表

达，即

$$\int_{T_1}^{T_2} v(t)\mathrm{d}x$$

另外，这段路程也可以通过位置函数 $s(t)$ 在区间 $[T_1, T_2]$ 上的增量来表示，即

$$s(T_2)-s(T_1)$$

由此可见，位置函数 $s(t)$ 与速度函数 $v(t)$ 之间有如下关系：

$$\int_{T_1}^{T_2} v(t)\mathrm{d}x = s(T_2)-s(T_1) \tag{5-2}$$

因为 $s'(t)=v(t)$，即位置函数 $s(t)$ 是速度函数 $v(t)$ 的原函数，所以式（5-2）表明速度函数 $v(t)$ 在 $[T_1, T_2]$ 上的定积分等于 $v(t)$ 的原函数 $s(t)$ 在区间 $[T_1, T_2]$ 上的增量.

这个结论是否具有普遍性？即对于一般的可积函数 $f(x)$，若 $F(x)$ 是 $f(x)$ 的一个原函数，是否仍有

$$\int_a^b f(x)\mathrm{d}x = F(b)-F(a)$$

呢？回答是肯定的. 下面将具体讨论之.

5.2.1　积分上限函数及其导数

设函数 $f(t)$ 在区间 $[a, b]$ 上连续，对于 $[a, b]$ 上任意一点 x，由于 $f(t)$ 在 $[a, x]$ 上连续，故定积分 $\int_a^x f(t)\mathrm{d}t$ 存在. 于是，对 $[a, b]$ 上每一点 x，都有一个唯一确定的值 $\int_a^x f(t)\mathrm{d}t$ 与之对应，由此在 $[a, b]$ 上定义了一个函数，称之为**积分上限函数**，记作 $\Phi(x)$，即

$$\Phi(x)=\int_a^x f(t)\mathrm{d}t\ (a\leqslant x\leqslant b)$$

积分上限函数 $\Phi(x)$ 具有下面定理所阐明的重要性质.

定理 5.3　如果函数 $f(x)$ 在区间 $[a, b]$ 上连续，则积分上限函数 $\Phi(x)=\int_a^x f(t)\mathrm{d}t$ 在 $[a, b]$ 上可导，且

$$\Phi'(x)=\left[\int_a^x f(t)\mathrm{d}t\right]'=f(x)\ (a\leqslant x\leqslant b)$$

定理 5.4　如果函数 $f(x)$ 在区间 $[a, b]$ 上连续，则函数

$$\Phi(x)=\int_a^x f(t)\mathrm{d}t$$

是 $f(x)$ 的一个原函数.

这个定理的重要意义是：一方面肯定了连续函数的原函数是存在的，另一方面它初步揭示了积分学中的定积分与原函数的关系. 而不定积分是全体原函数，据此推断有可能通过原函数即不定积分来计算定积分.

5.2.2 微积分基本公式证明及应用

定理 5.5 如果函数 $F(x)$ 是连续函数 $f(x)$ 在区间 $[a, b]$ 上的一个原函数，则

$$\int_a^b f(x)\mathrm{d}x = F(b) - F(a)$$

分析 欲证 $\int_a^b f(x)\mathrm{d}x = F(b) - F(a)$，必须构造一个能将定积分与原函数连接起来的式子，由前面的分析可知，这个式子只能是变上限定积分，为此有如下证明.

证明 设 x 是区间 $[a, b]$ 上的任意一点，令

$$\Phi(x) = \int_a^x f(t)\mathrm{d}t$$

由定理 5.4 知，$\Phi(x)$ 是 $f(x)$ 的一个原函数，而已知 $F(x)$ 也是 $f(x)$ 的一个原函数，所以

$$F(x) - \Phi(x) = c \ (a \leqslant x \leqslant b) \tag{5-3}$$

其中 c 为任意常数. 令 $x=a$，则有

$$F(a) - \Phi(a) = c$$

而

$$\Phi(a) = \int_a^a f(t)\mathrm{d}t = 0$$

所以

$$c = F(a) - 0 = F(a) \tag{5-4}$$

由式 (5-3) 与式 (5-4) 有

$$\Phi(x) = F(x) - c = F(x) - F(a)$$

即

$$\int_a^x f(x)\mathrm{d}x = F(x) - F(a) \tag{5-5}$$

对于式 (5-5)，再令 $x=b$，即得

$$\int_a^b f(x)\mathrm{d}x = F(b) - F(a)$$

证毕.

为方便起见，把 $F(b)-F(a)$ 记作 $F(x)\Big|_a^b$，即

$$\int_a^b f(x)\mathrm{d}x = F(x)\Big|_a^b = F(b)-F(a) \tag{5-6}$$

该公式就是**牛顿-莱布尼茨公式**，也称作**微积分基本公式**.

例 1　计算 $\int_0^1 x^2\mathrm{d}x$.

解　因为 $\frac{x^3}{3}$ 是被积函数 x^2 的一个原函数，所以根据牛顿-莱布尼茨公式，有

$$\int_0^1 x^2\mathrm{d}x = \frac{x^3}{3}\Big|_0^1 = \frac{1^3}{3}-\frac{0^3}{3}=\frac{1}{3}$$

例 2　计算 $\int_1^2 (x^3+\frac{1}{x})\mathrm{d}x$.

解　$$\int_1^2\left(x^3+\frac{1}{x}\right)\mathrm{d}x = \int_1^2 x^3\mathrm{d}x+\int_1^2\frac{1}{x}\mathrm{d}x = \frac{x^4}{4}\Big|_1^2+\ln|x|\Big|_1^2$$

$$=\left(4-\frac{1}{4}\right)+(\ln 2-\ln 1)=\frac{15}{4}+\ln 2$$

例 3　计算 $\int_0^1 \frac{1}{1+x^2}\mathrm{d}x$.

解　由于 $\arctan x$ 是 $\frac{1}{1+x^2}$ 的一个原函数，所以

$$\int_{-1}^1 \frac{1}{1+x^2}\mathrm{d}x = \arctan x\Big|_0^1 = \arctan 1-\arctan 0 = \frac{\pi}{4}-0=\frac{\pi}{4}$$

例 4　计算 $\int_0^{\frac{\pi}{2}} \cos^2\frac{x}{2}\mathrm{d}x$.

解　$$\int_0^{\frac{\pi}{2}}\cos^2\frac{x}{2}\mathrm{d}x = \int_0^{\frac{\pi}{2}}\frac{1+\cos x}{2}\mathrm{d}x = \frac{1}{2}\int_0^{\frac{\pi}{2}}1\mathrm{d}x+\frac{1}{2}\int_0^{\frac{\pi}{2}}\cos x\mathrm{d}x$$

$$=\frac{1}{2}x\Big|_0^{\frac{\pi}{2}}+\frac{1}{2}\sin x\Big|_0^{\frac{\pi}{2}}=\frac{\pi}{4}+\frac{1}{2}$$

例 5　计算 $\int_{-1}^{\frac{1}{2}}|x|\mathrm{d}x$.

解　在该积分中，被积函数 $f(x)=|x|$，实际上它是一个分段函数，它的具体表达式为

$$f(x)=\begin{cases} x & 0\leqslant x\leqslant \frac{1}{2} \\ -x & -1\leqslant x\leqslant 0 \end{cases}$$

利用定积分性质 5.3，

$$\int_{-1}^{\frac{1}{2}}|x|\,\mathrm{d}x=\int_{-1}^{0}|x|\,\mathrm{d}x+\int_{0}^{\frac{1}{2}}|x|\,\mathrm{d}x=\int_{-1}^{0}(-x)\mathrm{d}x+\int_{0}^{\frac{1}{2}}x\mathrm{d}x$$

$$=-\frac{x^2}{2}\Big|_{-1}^{0}+\frac{x^2}{2}\Big|_{0}^{\frac{1}{2}}=\frac{1}{2}+\frac{1}{8}=\frac{5}{8}$$

例 6　设 $f(x)=\begin{cases}1-x & 0\leqslant x\leqslant 1\\ x-1 & 1<x\leqslant 2\end{cases}$，计算 $\int_0^2 f(x)\mathrm{d}x$.

解　由于被积函数 $f(x)$ 是分段函数，由定积分的性质 5.3 有

$$\int_0^2 f(x)\mathrm{d}x=\int_0^1 f(x)\mathrm{d}x+\int_1^2 f(x)\mathrm{d}x=\int_0^1(1-x)\mathrm{d}x+\int_1^2(x-1)\mathrm{d}x$$

$$=\left(x-\frac{x^2}{2}\right)\Big|_0^1+\left(\frac{x^2}{2}-x\right)\Big|_1^2=1$$

例 7　求下列函数的导数.

(1) $\int_0^x \frac{\sin t}{1+t^2}\mathrm{d}t$；　　(2) $\int_0^{\sqrt{x}} \frac{\sin t}{1+t^2}\mathrm{d}t$；　　(3) $\int_{x^2}^0 \frac{\sin t}{1+t^2}\mathrm{d}t$.

解　(1) 令 $f(x)=\int_0^x \frac{\sin t}{1+t^2}\mathrm{d}t$，由定理 5.3 得

$$f'(x)=\frac{\sin x}{1+x^2}$$

(2) 令 $f(x)=\int_0^{\sqrt{x}} \frac{\sin t}{1+t^2}\mathrm{d}t$，它是一个关于变上限积分的复合函数，它由 $\int_0^u \frac{\sin t}{1+t^2}\mathrm{d}t$ 与 $u=\sqrt{x}$ 复合而成，其中中间变量是 u. 由复合函数求导法则得

$$f'(x)=\frac{\mathrm{d}f(x)}{\mathrm{d}x}=\frac{\mathrm{d}}{\mathrm{d}u}\left(\int_0^u \frac{\sin t}{1+t^2}\mathrm{d}t\right)\frac{\mathrm{d}u}{\mathrm{d}x}=\frac{\sin u}{1+u^2}\cdot\frac{1}{2\sqrt{x}}=\frac{1}{2\sqrt{x}}\cdot\frac{\sin\sqrt{x}}{1+x}=\frac{\sin\sqrt{x}}{2\sqrt{x}(1+x)}$$

(3) 令 $f(x)=\int_{x^2}^0 \frac{\sin t}{1+t^2}\mathrm{d}t$，它是一个关于变下限积分的复合函数，首先根据补充规定可得 $f(x)=-\int_0^{x^2} \frac{\sin t}{1+t^2}\mathrm{d}t$，它是由 $-\int_0^u \frac{\sin t}{1+t^2}\mathrm{d}t$ 与 $u=x^2$ 复合而成的，其中中间变量是 u. 由复合函数求导法则得

$$f'(x)=-\frac{\sin u}{1+u^2}2x=-2x\frac{\sin x^2}{1+x^4}$$

例 8　求极限 $\lim\limits_{x\to 0}\frac{\int_0^x \frac{t}{1+t^3}\mathrm{d}t}{x^2}$.

解　该极限是$\frac{0}{0}$型未定式，应用洛必达法则得

$$\lim_{x\to 0}\frac{\int_0^x \frac{t}{1+t^3}\mathrm{d}t}{x^2}=\lim_{x\to 0}\frac{\frac{x}{1+x^3}}{2x}=\lim_{x\to 0}\frac{1}{2(1+x^3)}=\frac{1}{2}$$

习题 5.2

1. 求函数 $\Phi(x)=\int_0^x \sin t\mathrm{d}t$ 在 $x=0$ 及 $x=\frac{\pi}{4}$ 处的函数值及导数值.

2. 计算下列定积分.

(1) $\int_1^2 0\mathrm{d}x$；　　(2) $\int_1^2\left(\sqrt{x}+\frac{1}{\sqrt{x}}\right)\mathrm{d}x$；

(3) $\int_4^9\sqrt{x}(1+\sqrt{x})\mathrm{d}x$；　　(4) $\int_0^1\frac{1}{2+x}\mathrm{d}x$；

(5) $\int_0^{\frac{\pi}{4}}\tan x\sec x\mathrm{d}x$；　　(6) $\int_0^{\pi}|\cos x|\mathrm{d}x$.

3. 设 $f(x)=\begin{cases}x^2 & 0\leqslant x\leqslant 1\\ 2-x & 1<x\leqslant 2\end{cases}$，求 $\int_0^2 f(x)\mathrm{d}x$.

4. 求以下函数的导数.

(1) $\int_0^x\sqrt{1+t^2}\mathrm{d}t$；　　(2) $\int_0^{x^2}\frac{1}{1+t^4}\mathrm{d}t$；　　(3) $\int_x^0 \mathrm{e}^{-t^2}\mathrm{d}t$.

5. 求极限 $\lim\limits_{x\to 0}\frac{\int_0^x t\mathrm{e}^{-t^2}\mathrm{d}t}{x^2}$.

5.3　换元积分法

利用牛顿-莱布尼茨公式计算定积分的关键是求不定积分，而换元积分法和分部积分法是求不定积分的两种基本方法，若能将这两种方法直接应用到定积分的计算上，将使计算得到简化. 本节将介绍定积分的换元积分法.

5.3.1　引例

在介绍定积分的换元积分法之前，先看两个例子.

例 1　求定积分 $\int_0^1 \mathrm{e}^{x^2}x\mathrm{d}x$.

解　由不定积分的第一类换元积分法有

$$\int \mathrm{e}^{x^2}x\mathrm{d}x=\frac{1}{2}\int \mathrm{e}^{x^2}\mathrm{d}(x^2)=\frac{1}{2}\mathrm{e}^{x^2}+C$$

这就说明 $\frac{1}{2}\mathrm{e}^{x^2}$ 是被积函数 $x\mathrm{e}^{x^2}$ 的一个原函数，所以由牛顿-莱布尼茨公式有

$$\int_0^1 \mathrm{e}^{x^2}x\mathrm{d}x=\frac{1}{2}\int_0^1\mathrm{e}^{x^2}\mathrm{d}(x^2)=\frac{1}{2}\mathrm{e}^{x^2}\Big|_0^1=\frac{\mathrm{e}-1}{2}$$

另外，从形式上

$$\int_0^1 e^x x\,dx = \frac{1}{2}\int_0^1 e^{x^2}\,d(x^2) = \frac{1}{2}e^{x^2}\Big|_0^1 = \frac{e-1}{2}$$

即利用类似不定积分的凑微分法凑出被积函数的原函数，然后利用牛顿-莱布尼茨公式计算定积分.

例 2 求定积分 $\int_0^a \sqrt{a^2-x^2}\,dx$（常数 $a>0$）.

解 由于不定积分 $\int \sqrt{a^2-x^2}\,dx$ 的计算需要换元，可设 $x=a\sin t$，则 $dx=a\cos t\,dt$.

$$\begin{aligned}\int \sqrt{a^2-x^2}\,dx &= \int \sqrt{a^2-a^2\sin^2 t}\,a\cos t\,dt \\ &= a^2\int \cos^2 t\,dt = \frac{a^2}{2}\int(1+\cos 2t)\,dt \\ &= \frac{a^2}{2}\left(t+\frac{\sin 2t}{2}\right)+C \\ &= \frac{a^2}{2}\arcsin\frac{x}{a}+\frac{x}{2}\sqrt{a^2-x^2}+C\end{aligned}$$

所以$\frac{a^2}{2}\arcsin\frac{x}{a}+\frac{x}{2}\sqrt{a^2-x^2}$是被积函数$\sqrt{a^2-x^2}$的一个原函数，于是有

$$\int_0^a \sqrt{a^2-x^2}\,dx = \left(\frac{a^2}{2}\arcsin\frac{x}{a}+\frac{x}{2}\sqrt{a^2-x^2}\right)\Bigg|_0^a = \frac{\pi a^2}{4}$$

我们看到，这样计算定积分的过程很繁杂，能否在计算过程中简化运算步骤呢?

注意到，在作 $x=a\sin t$ 变换之后，原定积分的积分变量 x 对应的上限 a 和下限 0 分别对应变量 t 的值为$\frac{\pi}{2}$和 0，如在定积分中直接换元，并把上限和下限的值也换成 t 的上限和下限，便为

$$\begin{aligned}\int_0^a \sqrt{a^2-x^2}\,dx &= \int_0^{\frac{\pi}{2}} a\sqrt{a^2-a^2\sin^2 t}\cos t\,dt \\ &= a^2\int_0^{\frac{\pi}{2}}\cos^2 t\,dt = \frac{a^2}{2}\int_0^{\frac{\pi}{2}}(1+\cos 2t)\,dt \\ &= \frac{a^2}{2}\left(t+\frac{\sin 2t}{2}\right)\Bigg|_0^{\frac{\pi}{2}} = \frac{\pi a^2}{4}\end{aligned}$$

结果一样，但运算步骤得到了简化.

这种情形不是巧合，它就是下面将要介绍的定积分的换元积分法. 那么，在什么条件下可以用换元积分法来计算定积分呢？定理 5.6 回答了这一问题.

5.3.2　定积分的换元积分法

定理 5.6　设函数 $f(x)$ 在区间 $[a, b]$ 上连续，作变换 $x=\varphi(t)$ 且其满足以下条件：

(1) 当 t 在 α 与 β 之间变化时，$x=\varphi(t)$ 的值在 $[a, b]$ 上变化；

(2) $\varphi(t)$ 在区间 $[\alpha, \beta]$（或 $[\beta, \alpha]$）上有连续导函数 $\varphi'(t)$；

(3) $\varphi(\alpha)=a$ 且 $\varphi(\beta)=b$（注意这里 α 未必一定小于 β).

则有定积分换元公式

$$\int_a^b f(x)\mathrm{d}x=\int_\alpha^\beta f[\varphi(t)]\varphi'(t)\mathrm{d}t \tag{5-7}$$

证明　因为 $f(x)$ 在区间 $[a, b]$ 上连续，因而 $f(x)$ 在 $[a, b]$ 上可积. 由原函数存在定理知，$f(x)$ 存在原函数，设为 $F(x)$. 于是由牛顿-莱布尼茨公式得

$$\int_a^b f(x)\mathrm{d}x=F(b)-F(a)$$

另外，由不定积分的换元积分法有

$$\int f[\varphi(t)]\varphi'(t)\mathrm{d}t=\int f[\varphi(t)]\mathrm{d}\varphi(t)=F[\varphi(t)]+C$$

所以 $F[\varphi(t)]$ 是 $f[\varphi(t)]\varphi'(t)$ 的一个原函数，于是由牛顿-莱布尼茨公式得

$$\int_\alpha^\beta f[\varphi(t)]\varphi'(t)\mathrm{d}t=F[\varphi(t)]\Big|_\alpha^\beta=F[\varphi(\beta)]-F[\varphi(\alpha)]$$

再由 $\varphi(\alpha)=a$ 及 $\varphi(\beta)=b$ 得

$$\int_\alpha^\beta f[\varphi(t)]\varphi'(t)\mathrm{d}t=F(b)-F(a)$$

所以

$$\int_a^b f(x)\mathrm{d}x=\int_\alpha^\beta f[\varphi(t)]\varphi'(t)\mathrm{d}t$$

这个公式与不定积分的换元公式很类似. 所不同的是，运用不定积分的换元积分法时，最后须将变量还原为原来的变量，而对于定积分的换元积分法，只需将积分限作相应替换，最后不用还原而可直接计算结果.

例 3　计算 $\int_0^1 \frac{\mathrm{d}x}{1+\sqrt{x}}$.

解　令 $\sqrt{x}=t$，即 $x=t^2$，$\mathrm{d}x=2t\mathrm{d}t$. 当 $x=0$ 时，$t=0$；当 $x=1$ 时，$t=1$. 由定积分换元公式得

$$\int_0^1 \frac{\mathrm{d}x}{1+\sqrt{x}}=\int_0^1 \frac{2t}{1+t}\mathrm{d}t=2\int_0^1 \frac{1+t-1}{1+t}\mathrm{d}t=2\int_0^1 1\mathrm{d}t-2\int_0^1 \frac{1}{1+t}\mathrm{d}t$$

$$= 2 - 2\ln|1+t|\Big|_0^1 = 2 - 2\ln 2 = 2(1-\ln 2)$$

例 4 计算$\int_0^{\frac{\pi}{2}} \sin^3 x\cos x\mathrm{d}x$.

解 因为$\int_0^{\frac{\pi}{2}} \sin^3 x\cos x\,\mathrm{d}x = \int_0^{\frac{\pi}{2}} \sin^3 x\mathrm{d}(\sin x)$. 所以，令 $t=\sin x$，当 $x=0$ 时，$t=0$；当 $x=\frac{\pi}{2}$时，$t=1$. 于是有

$$\int_0^{\frac{\pi}{2}} \sin^3 x\cos x\mathrm{d}x = \int_0^{\frac{\pi}{2}} \sin^3 x\mathrm{d}(\sin x)$$
$$= \int_0^1 t^3\mathrm{d}t = \frac{1}{4}t^4\Big|_0^1 = \frac{1}{4}$$

此题也可以这样计算：

$$\int_0^{\frac{\pi}{2}} \sin^3 x\cos x\mathrm{d}x = \int_0^{\frac{\pi}{2}} \sin^3 x\mathrm{d}(\sin x) = \frac{1}{4}\sin^4 x\Big|_0^{\frac{\pi}{2}} = \frac{1}{4}$$

我们称这种方法为**“凑微分法”**，也就是说，换元公式也可以倒过来用. 即

$$\int_\alpha^\beta f(\varphi(t))\varphi'(t)\mathrm{d}t = \int_\alpha^\beta f(\varphi(t))\mathrm{d}\varphi(t) \xlongequal{x=\varphi(t)} \int_a^b f(x)\mathrm{d}x$$

例 1 使用此法. 而实际上，凑微分法与不定积分的凑微分法（第一类换元法）类似，就是凑出被积函数的原函数，然后用牛顿－莱布尼茨公式直接计算，不必写出变量替换过程.

相应地，称前面的换元法为**“变量换元法”**. 至于何时利用变量换元法及何时利用凑微分法与不定积分完全类似，这里不再赘述，下面再举一个例子.

例 5 计算$\int_0^1 \frac{x}{\sqrt{1+x^2}}\mathrm{d}x$

解 令 $1+x^2=t$，则 $x\mathrm{d}x=\frac{1}{2}\mathrm{d}t$. 当 $x=0$ 时，$t=1$；当 $x=1$ 时，$t=2$. 由定积分换元公式得

$$\int_0^1 \frac{x}{\sqrt{1+x^2}}\mathrm{d}x = \int_1^2 \frac{\mathrm{d}t}{2\sqrt{t}} = \sqrt{t}\Big|_1^2 = \sqrt{2}-1$$

注意：(1) 在利用定积分的换元积分法时一定要注意：“换元必换限，上限对上限，下限对下限”. 定积分的换元积分法与不定积分的换元积分法的不同体现在，它只要求计算出在新的积分变量下，新的被积函数在新的积分区间内的积分值，从而避免了不定积分中要将积分后的新变量还原成原变量的麻烦.

(2) 在定积分的计算过程中，如果运用凑微分法，且未写出中间变量，则积分限无须改变.

例6　试证：若 $f(x)$ 在 $[-a, a]$ 上连续，则

(1) 当 $f(x)$ 为奇函数时，$\int_{-a}^{a} f(x)\mathrm{d}x = 0$；

(2) 当 $f(x)$ 为偶函数时，$\int_{-a}^{a} f(x)\mathrm{d}x = 2\int_{0}^{a} f(x)\mathrm{d}x$.

证明　因为　$\int_{-a}^{a} f(x)\mathrm{d}x = \int_{-a}^{0} f(x)\mathrm{d}x + \int_{0}^{a} f(x)\mathrm{d}x$

对积分式 $\int_{-a}^{0} f(x)\mathrm{d}x$ 作变换：$x=-t$，则有

$$\int_{-a}^{0} f(x)\mathrm{d}x = -\int_{a}^{0} f(-t)\mathrm{d}t = \int_{0}^{a} f(-t)\mathrm{d}t = \int_{0}^{a} f(-x)\mathrm{d}x$$

从而

$$\int_{-a}^{a} f(x)\mathrm{d}x = \int_{0}^{a} f(-x)\mathrm{d}x + \int_{0}^{a} f(x)\mathrm{d}x = \int_{0}^{a} [f(-x) + f(x)]\mathrm{d}x$$

(1) 若 $f(x)$ 为奇函数，即 $f(-x) = -f(x)$，有

$$\int_{-a}^{a} f(x)\mathrm{d}x = \int_{0}^{a} [-f(x) + f(x)]\mathrm{d}x = 0$$

(2) 若 $f(x)$ 为偶函数，即 $f(-x) = f(x)$，有

$$\int_{-a}^{a} f(x)\mathrm{d}x = \int_{0}^{a} [f(x) + f(x)]\mathrm{d}x = 2\int_{0}^{a} f(x)\mathrm{d}x$$

注意：利用例6的结论常常可以简化计算奇函数、偶函数在对称区间上的定积分.

例如，因为 $x^3\cos x$ 是奇函数，所以 $\int_{-1}^{1} x^3\cos x\mathrm{d}x = 0$.

例7　计算 $\int_{-1}^{1} x^2\ln\frac{2+x}{2-x}\mathrm{d}x$.

解　被积函数 $f(x)=x^2\ln\frac{2+x}{2-x}$，由于 $f(-x)=-f(x)$，所以 $f(x)$ 为奇函数. 因此有

$$\int_{-1}^{1} x^2\ln\frac{2+x}{2-x}\mathrm{d}x = 0$$

习题 5.3

1. 计算下列定积分.

(1) $\int_{\frac{\pi}{3}}^{\pi} \sin\left(x+\frac{\pi}{3}\right)\mathrm{d}x$；　(2) $\int_{0}^{\frac{\pi}{4}} \sin x\cos x\mathrm{d}x$；　(3) $\int_{-2}^{1} \frac{\mathrm{d}x}{(11+5x)^3}$；

(4) $\int_{1}^{e^2} \frac{1}{x(\ln x+1)}\mathrm{d}x$；　(5) $\int_{\frac{\pi}{3}}^{\pi} \cos^2 u\mathrm{d}u$；　(6) $\int_{0}^{\ln 2} e^x(1+e^x)^2\mathrm{d}x$；

(7) $\int_1^2 \frac{dx}{x(1+x)}$；　　(8) $\int_0^3 \sqrt{9-x^2}\,dx$.

2. 利用函数的奇偶性，化简下列定积分并计算.

(1) $\int_{-\pi}^{\pi} \frac{x^2 \sin x}{1+\cos x}dx$；　　(2) $\int_{-1}^{1} (x^2+2x-\sin x+1)dx$.

5.4　分部积分法

在学习了微积分基本公式的基础上，本节讨论定积分的分部积分法.

由第 4 章知道，不定积分的分部积分公式是

$$\int u dv = uv - \int v du$$

其中 $u=u(x)$，$v=v(x)$，它们均具有连续导数.

于是

$$\begin{aligned}\int_a^b u(x)v'(x)dx &= \left[\int u(x)v'(x)dx\right]\Big|_a^b \\ &= \left[u(x)v(x)-\int v(x)u'(x)dx\right]\Big|_a^b \\ &= [u(x)v(x)]\Big|_a^b - \int_a^b v(x)u'(x)dx\end{aligned}$$

简记为

$$\int_a^b uv'dx = [uv]\Big|_a^b - \int_a^b vu'dx \tag{5-8}$$

或

$$\int_a^b u dv = [uv]\Big|_a^b - \int_a^b v du$$

这就是**定积分的分部积分公式**.

> 注意：定积分的分部积分公式的应用原则和所适用的积分类型类似于不定积分.

例 1　计算 $\int_0^{\pi} x\cos x dx$.

解　令 $u=x$，$dv=\cos x dx=d(\sin x)$，则 $du=dx$，$v=\sin x$. 由公式有

$$\int_0^{\pi} x\cos x dx = \int_0^{\pi} x d(\sin x) = x\sin x\Big|_0^{\pi} - \int_0^{\pi}\sin x dx = 0+\cos x\Big|_0^{\pi} = -2$$

例 2　计算 $\int_0^1 x\arctan x dx$.

解　$u=\arctan x$，$dv=xdx$，则有 $du=\frac{1}{1+x^2}dx$，$v=\frac{x^2}{2}$.

$$\int_0^1 x\arctan x\mathrm{d}x = \int_0^1 \arctan x\mathrm{d}\left(\frac{x^2}{2}\right) = \left(\frac{x^2}{2}\arctan x\right)\Big|_0^1 - \int_0^1 \frac{x^2}{2}\cdot\frac{1}{1+x^2}\mathrm{d}x$$

$$= \frac{\pi}{8} - \frac{1}{2}\int_0^1\left(1-\frac{1}{1+x^2}\right)\mathrm{d}x = \frac{\pi}{8} - \frac{1}{2}(x-\arctan x)\Big|_0^1$$

$$= \frac{\pi}{8} - \frac{1}{2}\left(1-\frac{\pi}{4}\right) = \frac{\pi}{4} - \frac{1}{2}$$

例3 计算$\int_0^{\frac{\pi}{4}} \frac{x}{1+\cos 2x}\mathrm{d}x$.

解 $\int_0^{\frac{\pi}{4}} \frac{x}{1+\cos 2x}\mathrm{d}x = \int_0^{\frac{\pi}{4}} \frac{x}{2\cos^2 x}\mathrm{d}x = \frac{1}{2}\int_0^{\frac{\pi}{4}} x\mathrm{d}(\tan x)$

$$= \frac{1}{2}\left(x\tan x\Big|_0^{\frac{\pi}{4}} - \int_0^{\frac{\pi}{4}}\tan x\mathrm{d}x\right)$$

$$= \frac{1}{2}\left(\frac{\pi}{4} + \ln\cos x\Big|_0^{\frac{\pi}{4}}\right) = \frac{\pi}{8} - \frac{1}{4}\ln 2$$

例4 计算$\int_0^1 \mathrm{e}^{\sqrt{x}}\mathrm{d}x$.

解 先用换元法去掉被积函数中的根号，令$\sqrt{x}=t$，则$x=t^2$，$\mathrm{d}x=2t\mathrm{d}t$，且当$x=0$时，$t=0$；当$x=1$时，$t=1$. 于是有

$$\int_0^1 \mathrm{e}^{\sqrt{x}}\mathrm{d}x = 2\int_0^1 t\mathrm{e}^t\mathrm{d}t$$

再用分部积分法

$$\text{原式} = 2\int_0^1 t\mathrm{d}\mathrm{e}^t = 2t\,\mathrm{e}^t\Big|_0^1 - 2\int_0^1 \mathrm{e}^t\mathrm{d}t$$

$$= 2\mathrm{e} - 2\mathrm{e}^t\Big|_0^1 = 2\mathrm{e} - 2(\mathrm{e}-1) = 2$$

例5 计算$\int_0^{\frac{\pi}{2}} \mathrm{e}^x\cos x\mathrm{d}x$.

解 $\int_0^{\frac{\pi}{2}} \mathrm{e}^x\cos x\mathrm{d}x = \int_0^{\frac{\pi}{2}}\cos x\mathrm{d}\mathrm{e}^x = \mathrm{e}^x\cos x\Big|_0^{\frac{\pi}{2}} + \int_0^{\frac{\pi}{2}}\mathrm{e}^x\sin x\mathrm{d}x$

$$= (0-1) + \int_0^{\frac{\pi}{2}}\sin x\mathrm{d}\mathrm{e}^x = -1 + \mathrm{e}^x\sin x\Big|_0^{\frac{\pi}{2}} - \int_0^{\frac{\pi}{2}}\mathrm{e}^x\mathrm{d}(\sin x)$$

$$= -1 + \mathrm{e}^{\frac{\pi}{2}} - \int_0^{\frac{\pi}{2}}\mathrm{e}^x\cos x\mathrm{d}x$$

从而有
$$2\int_0^{\frac{\pi}{2}}\mathrm{e}^x\cos x\mathrm{d}x = \mathrm{e}^{\frac{\pi}{2}} - 1$$

因此
$$\int_0^{\frac{\pi}{2}}\mathrm{e}^x\cos x\mathrm{d}x = \frac{1}{2}(\mathrm{e}^{\frac{\pi}{2}} - 1)$$

习题 5.4

用分部积分法计算下列积分.

(1) $\int_0^{\ln 2} x\mathrm{e}^x\mathrm{d}x$；　　(2) $\int_0^{\frac{\pi}{2}} x\sin x\mathrm{d}x$；

(3) $\int_1^{\mathrm{e}} x\ln x\mathrm{d}x$；　　(4) $\int_0^{\frac{\pi}{2}} \mathrm{e}^x\cos x\mathrm{d}x$；

(5) $\int_0^{\frac{\pi}{2}} (x-x\sin x)\mathrm{d}x$；　　(6) $\int_0^1 \arcsin x\mathrm{d}x$.

5.5　定积分在几何方面的应用

前面已经学习了定积分的概念与计算方法，在此基础上可进一步研究它的应用，这里主要介绍定积分在几何方面的应用.

5.5.1　定积分的微元法

用定积分表示一个量时，一般分四步来考虑，下面来回顾一下解决以区间 $[a, b]$ 为底边、以连续曲线 $y=f(x)(f(x)\geqslant 0)$ 为曲边的曲边梯形面积的计算过程.

(1) 分割：将 $[a, b]$ 任意分成 n 个子区间 $[x_{i-1}, x_i]$ $(i=1, 2, \cdots, n)$，其中 $x_0=a$，$x_n=b$，相应地把曲边梯形分成 n 个小曲边梯形.

(2) 局部近似：在每个子区间 $[x_{i-1}, x_i]$ 上任取一点 ξ_i，作相应的小曲边梯形面积 ΔA_i 的近似值：

$$\Delta A_i \approx f(\xi_i)\Delta x_i$$

(3) 求和：曲边梯形的面积 A 的近似值为

$$A=\sum_{i=1}^{n}\Delta A_i \approx \sum_{i=1}^{n} f(\xi_i)\Delta x_i$$

(4) 取极限：令 $\lambda=\max\limits_{1\leqslant i\leqslant n}\{\Delta x_i\}\to 0$ 得

$$A=\lim_{\lambda\to 0}\sum_{i=1}^{n} f(\xi_i)\Delta x_i=\int_a^b f(x)\mathrm{d}x$$

在上述四步中，最重要的是第 (2) 步. 如果从分割后所得的子区间中任取一个代表来讨论，由于分割的任意性，这个代表区间可记为 $[x, x+\mathrm{d}x]$，而点 ξ 可取 x，那么第 (2) 步中近似处理时相应的小曲边梯形面积可表示为 $f(x)\mathrm{d}x$，与第 (4) 步中积分 $\int_a^b f(x)\mathrm{d}x$ 的被积表达式相同. 基于此，可以把上述四步简化为以下两步.

（1）选取积分变量 $x\in[a, b]$，在 $[a, b]$ 上任取一代表性的子区间 $[x, x+\mathrm{d}x]$，如图 5-5 所示. 将以点 x 处的函数值 $f(x)$ 为高、$\mathrm{d}x$ 为底的小矩形的面积 $f(x)\mathrm{d}x$ 作为 $[x, x+\mathrm{d}x]$ 上小曲边梯形面积 ΔA 的近似值，有

$$\Delta A\approx f(x)\mathrm{d}x \tag{5-9}$$

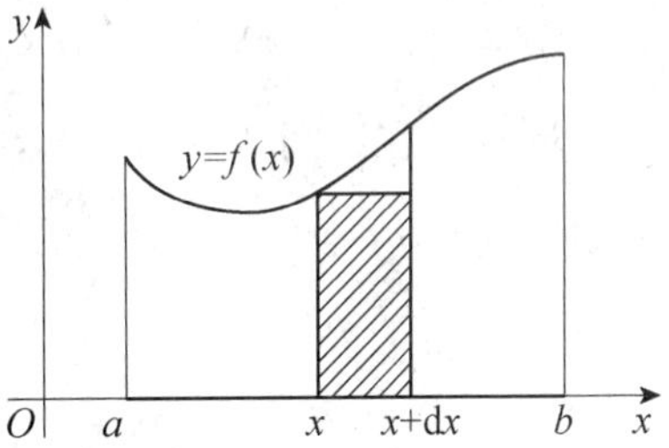

图 5-5

（2）将式（5-9）右端在 $[a, b]$ 上积分，得

$$A=\int_a^b f(x)\mathrm{d}x$$

一般地，如果某一实际问题中的所求量 Q 与一个区间 $[a, b]$ 有关，并且假设：

（1）量 Q 对于区间 $[a, b]$ 具有可加性，即如果把 $[a, b]$ 分成许多部分区间，则 Q 相应地被分成许多部分量，而 Q 等于所有部分量之和；

（2）相应于子区间 $[x, x+\mathrm{d}x]$ 的部分量 ΔQ 可近似地表示为 $f(x)\mathrm{d}x$；

（3）$\Delta Q-f(x)\mathrm{d}x$ 是 $\mathrm{d}x$ 的高阶无穷小（这一要求在实际问题中常常能满足，$f(x)$ 连续时肯定能满足）.

那么，就可用定积分来表达量 Q，表达的一般步骤介绍如下.

（1）选取积分变量 $x\in[a, b]$，在 $[a, b]$ 上任取一子区间 $[x, x+\mathrm{d}x]$，求出相应的部分量 ΔQ 的近似值 $f(x)\mathrm{d}x$，它是 Q 的微分，即

$$\mathrm{d}Q=f(x)\mathrm{d}x$$

称它为量 Q 的微元.

（2）将 $\mathrm{d}Q$ 在 $[a, b]$ 上积分，得

$$Q=\int_a^b \mathrm{d}Q=\int_a^b f(x)\mathrm{d}x$$

这个方法称为**定积分的微元法**，下面将应用定积分的微元法讨论一些实际问题.

5.5.2　平面图形的面积

下面将计算一些比较复杂的平面图形的面积，这里只讨论直角坐标系的情形.

在区间 $[a, b]$ 上，一条连续曲线 $y=f(x)\geqslant 0$ 与直线 $x=a$，$x=b$ 及 x 轴所围成的曲边梯形的面积 A 就是定积分 $\int_a^b f(x)\mathrm{d}x$. 这里，被积表达式 $f(x)\mathrm{d}x$ 就是面积微元 $\mathrm{d}A$.

在区间 $[a, b]$ 上，若 $g(x)\leqslant f(x)$，则由连续曲线 $y=f(x)$，$y=g(x)$ 与直线 $x=a$，$x=b$ 所围成的平面图形如图 5-6 所示，其面积 A 为

$$A=\int_a^b f(x)\mathrm{d}x-\int_a^b g(x)\mathrm{d}x=\int_a^b[f(x)-g(x)]\mathrm{d}x$$

同理，在区间 $[c, d]$ 上，若 $\psi(y)\leqslant\varphi(y)$，则由连续曲线 $x=\varphi(y)$，$x=\psi(y)$ 与直线 $y=c$，$y=d$ 所围成的平面图形如图 5－7 所示，其面积为

$$A=\int_c^d[\varphi(y)-\psi(y)]\mathrm{d}y$$

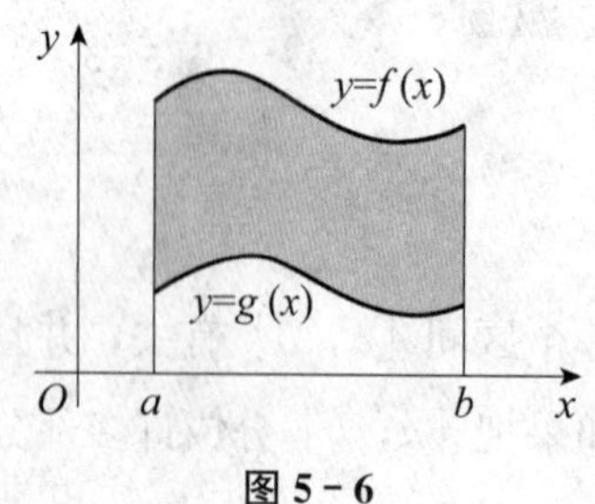

图 5－6

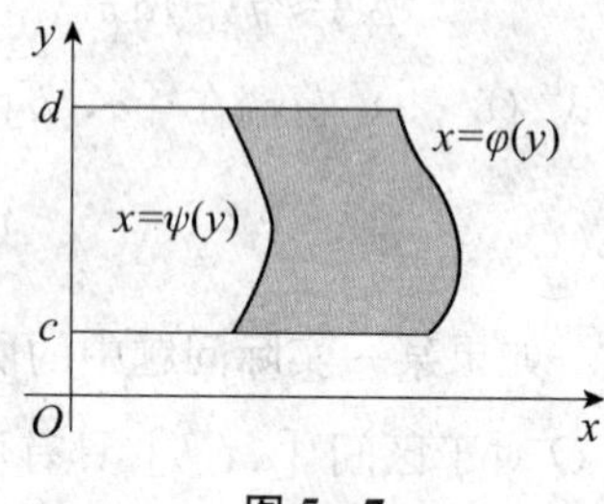

图 5－7

例 1 计算曲线 $y=\dfrac{1}{x}$ 及直线 $y=x$，$x=2$ 所围成的曲边形的面积 A.

解 画出由曲线 $y=\dfrac{1}{x}$ 及直线 $y=x$，$x=2$ 所围成的曲边形（如图 5－8 所示）.

解方程组

$$\begin{cases}y=x\\ y=\dfrac{1}{x}\end{cases},\quad\begin{cases}x=2\\ y=\dfrac{1}{x}\end{cases},\quad\begin{cases}y=x\\ x=2\end{cases}$$

得交点分别为 $(1, 1)$，$\left(2, \dfrac{1}{2}\right)$，$(2, 2)$. 取 x 为积分变量，其变化区间为 $[1, 2]$，则

$$A=\int_1^2\left(x-\frac{1}{x}\right)\mathrm{d}x=\left(\frac{x^2}{2}-\ln x\right)\Big|_1^2=\frac{3}{2}-\ln 2$$

例 2 计算两条抛物线 $y=x^2$ 与 $x=y^2$ 所围图形的面积 A.

解 作出图形（如图 5－9 所示），解方程组

$$\begin{cases}y=x^2\\ x=y^2\end{cases}$$

得交点为 $(0, 0)$ 与 $(1, 1)$.

所求面积为

$$A=\int_0^1(\sqrt{x}-x^2)\mathrm{d}x=\left(\frac{2}{3}x^{\frac{3}{2}}-\frac{1}{3}x^3\right)\Big|_0^1=\frac{1}{3}$$

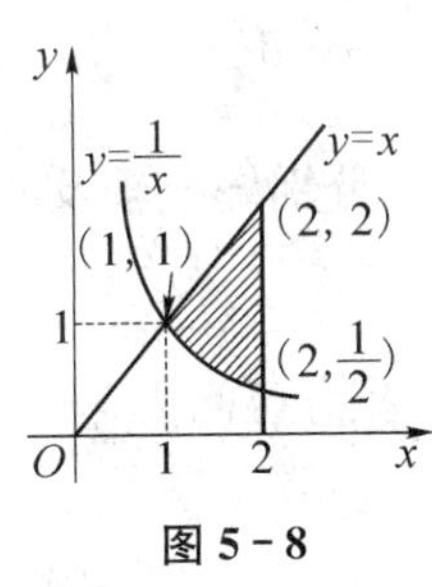

图 5－8

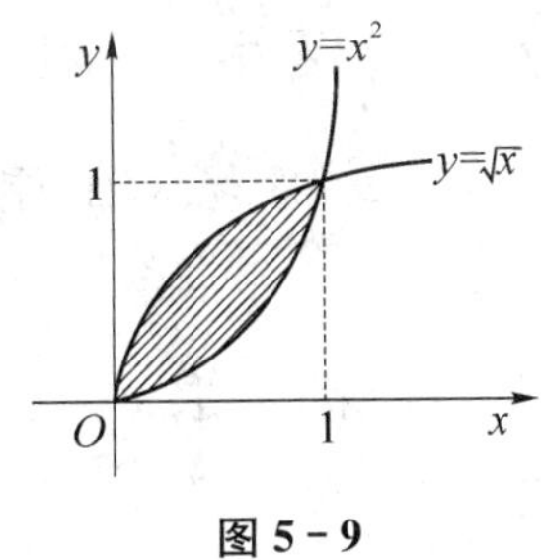

图 5－9

5.5.3　旋转体的体积

一个平面图形绕该平面内一条定直线旋转一周而形成的立体称为旋转体，该直线称为旋转轴．例如，圆柱、圆锥、圆台、球体等都是旋转体．

现在计算由连续曲线 $y=f(x)$，直线 $x=a$，直线 $x=b$ 与 x 轴所围成的曲边梯形绕 x 轴旋转一周所形成的旋转体的体积．

取 x 为积分变量，$[a, b]$ 为积分区间．用垂直于 x 轴的一组平行平面将旋转体分割成许多立体小薄片，其断面都是圆，只是半径不同．任取 $[a, b]$ 上的一个小区间 $[x, x+\mathrm{d}x]$ 上的一小薄片，它的体积近似于以 $f(x)$ 为底面半径，$\mathrm{d}x$ 为高的扁圆柱体的体积，如图 5－10 所示，即体积微元为

$$\mathrm{d}V=\pi[f(x)]^2\mathrm{d}x$$

于是，以 $\pi[f(x)]^2\mathrm{d}x$ 为被积表达式，在区间 $[a, b]$ 上作定积分，便得所求旋转体体积

$$V=\int_a^b \pi[f(x)]^2\mathrm{d}x=\int_a^b \pi y^2\mathrm{d}x \tag{5-9}$$

这就是以 x 轴为旋转轴的旋转体体积公式．

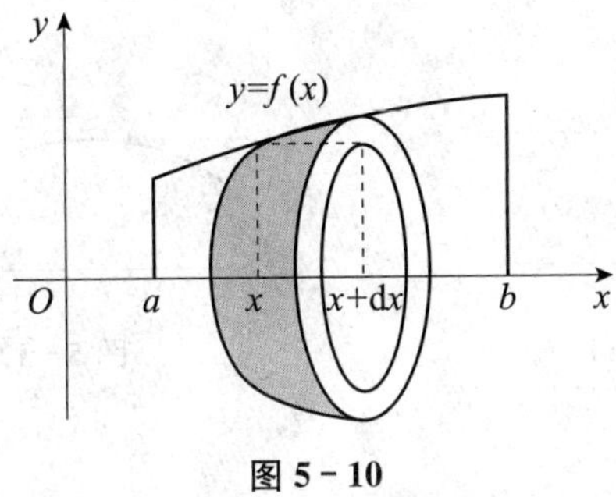

图 5－10

同理，由连续曲线 $x=\varphi(y)$，直线 $y=c$，直线 $y=d$ 与 y 轴所围成的曲边梯形绕 y 轴旋转一周所形成的旋转体的体积为

$$V=\int_c^d \pi[\varphi(y)]^2\mathrm{d}y=\int_c^d \pi x^2\mathrm{d}y \tag{5-10}$$

例 3 计算由 $y=x^3$，$x=2$ 与 x 轴所围成的图形分别绕 x 轴及 y 轴旋转而成的旋转体的体积.

解 （1）如图 5-11 所示，取 x 为积分变量，积分区间为 $[0, 2]$，则绕 x 轴旋转而成的旋转体的体积为

$$V_x=\int_0^2 \pi y^2\mathrm{d}x=\int_0^2 \pi x^6\mathrm{d}x=\frac{\pi}{7}x^7\bigg|_0^2=\frac{128}{7}\pi$$

（2）取 y 为积分变量，积分区间为 $[0, 8]$，则绕 y 轴旋转而成的旋转体的体积应为圆柱体的体积减去杯状体的体积. 即

$$\begin{aligned}V_y&=\pi\times 2^2\times 8-\int_0^8 \pi x^2\mathrm{d}y=32\pi-\pi\int_0^8 y^{\frac{2}{3}}\mathrm{d}y\\&=32\pi-\frac{3\pi}{5}y^{\frac{5}{3}}\bigg|_0^8=32\pi-\frac{96}{5}\pi=\frac{64}{5}\pi\end{aligned}$$

例 4 计算由摆线$\begin{cases}x=a(t-\sin t)\\y=a(1-\cos t)\end{cases}$的一拱，$y=0$ 所围成的图形绕 x 轴旋转而成的旋转体的体积.

解 如图 5-12 所示，取 x 为积分变量，积分区间为 $[0, 2\pi a]$，则旋转体的体积为

$$\begin{aligned}V&=\int_0^{2\pi a}\pi y^2(x)\mathrm{d}x=\int_0^{2\pi}\pi a^2\ (1-\cos t)^2\cdot a(1-\cos t)\mathrm{d}t\\&=\pi a^3\int_0^{2\pi}(1-3\cos t+3\cos^2 t-\cos^3 t)\mathrm{d}t=5\pi^2a^3\end{aligned}$$

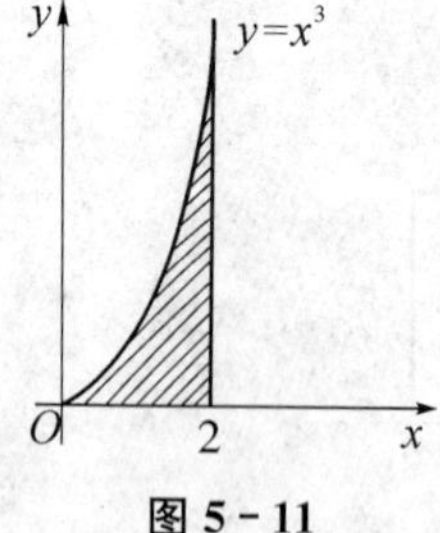

图 5-11

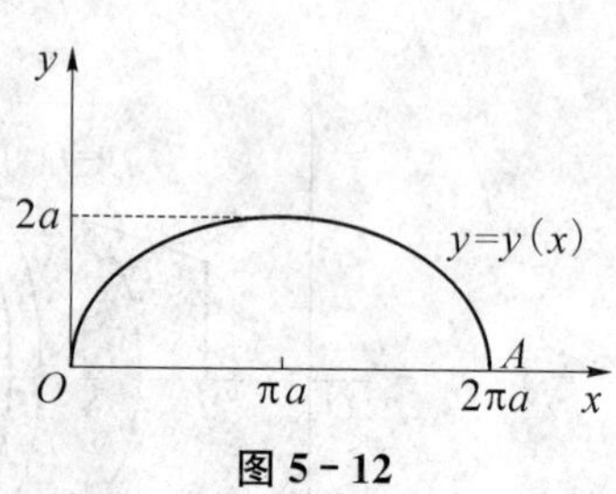

图 5-12

习题 5.5

1. 求由下列各曲线所围成的平面图形的面积.

（1）$y=\sqrt{x}$，$x-y=0$；

（2）$y=e^x$，$y=e^{-x}$与直线$x=2$；

（3）$y^2=2x$，$y=x-4$；

（4）$y=x$与$y=x^2$.

2. 求下列曲线所围成的图形按指定的轴旋转产生的旋转体的体积.

（1）$y=x$，$x=1$，$y=0$，绕x轴；

（2）$y=\sqrt{x}$，$x=4$，$y=0$，绕x轴；

（3）$y=x^2$，$x=2$，$y=0$，绕x轴.

上册期末考试模拟题

期末考试模拟题 1

一、单项选择题（每题 4 分，共 20 分）

1. 函数 $y=f(x)$ 在 $x=x_0$ 处连续是该函数 $y=f(x)$ 在 $x=x_0$ 处可导的（　　）条件.

A. 充分必要　　B. 充分非必要

C. 必要非充分　　D. 既不充分也不必要

2. $\lim\limits_{x\to\infty}\left(1+\dfrac{1}{x}\right)^x$ 的极限是（　　）.

A. e　　B. e^{-1}　　C. 1　　D. -1

3. 下列说法正确的是（　　）.

A. 极值点一定是最值点　　B. 驻点一定是极值点

C. 极大值一定大于极小值　　D. 一阶不可导点可能是极值点

4. $\int_{-2}^{2}x^2\tan x\mathrm{d}x=$（　　）.

A. 0　　B. 2　　C. 1　　D. -1

5. 下列积分正确的是（　　）.

A. $\int\sin x\mathrm{d}x=\cos x$　　B. $\int\cos x\mathrm{d}x=\sin x+C$

C. $\int x\mathrm{d}x=x^2+C$　　D. $\int e^x\mathrm{d}x=e^x$

二、填空题（每题 4 分，共 20 分）

1. $f(x)=\dfrac{\ln x}{\sqrt{3-x}}$的定义域是________.

2. $f(x)=(x-4)(x+1)$ 的单调增区间是________.

3. 设函数在点 $x=x_0$ 处可导，且 $f'(x_0)=2$，则$\lim\limits_{h\to 0}\dfrac{f(x_0+3h)-f(x_0-h)}{h}=$________.

4. $\int 3^x\mathrm{d}x=$________.

5. 函数曲线 $y=xe^x+1$ 经过（0，1）处的切线方程为________.

三、计算与证明题（每小题 6 分，共 60 分）

1. 求$\lim\limits_{x\to 0}\dfrac{\arcsin x}{x}$.

2. 求 $\lim\limits_{x\to 0^+}x^2\ln x$.

3. $y=e^{2x}\cos x$，求微分 dy.

4. 已知$\begin{cases}x=3e^{-t}\\ y=2e^t\end{cases}$，求$\dfrac{dy}{dx}$.

5. 求不定积分$\int\ln x\mathrm{d}x$.

6. 求不定积分$\int\dfrac{1}{\sqrt{a^2-x^2}}\mathrm{d}x\quad (a>0)$.

7. 求定积分$\int_0^1\left(x^2+\sin x+\dfrac{1}{1+x^2}\right)\mathrm{d}x$.

8. 证明方程 $x^5-3x-1=0$ 在区间（1，2）内至少有一个根.

9. 证明不等式：当 $x>0$ 时，$\dfrac{x}{1+x}<\ln(1+x)<x$.

10. 求 $y=x^2$ 与 $x=0$，$x=1$ 及 x 轴所围图形的面积.

期末考试模拟题 2

一、单项选择题（每题 4 分，共 20 分）

1. 函数 $y=f(x)$ 在 $x=x_0$ 处可微是该函数 $y=f(x)$ 在 $x=x_0$ 处可导的（　　）条件.

A. 充分必要　　B. 充分非必要

C. 必要非充分　　D. 既不充分也不必要

2. $\lim\limits_{x\to 0}(1-x)^{\frac{1}{x}}$ 的极限是（　　）.

A. e　　B. 1　　C. e^{-1}　　D. $-e$

3. $\left[\int \frac{1}{x}dx\right]'=$（　　）.

A. $\frac{1}{x}+C$　　B. $\ln x$　　C. $\ln x+C$　　D. $\frac{1}{x}$

4. $\int_{-2}^{2} x^3\cos x dx=$（　　）.

A. 0　　B. 2　　C. 1　　D. -1

5. 下列积分正确的是（　　）.

A. $\int \frac{1}{x}dx=\ln x+C$　　B. $\int \frac{1}{1+x^2}dx=\arctan x+C$

C. $\int \tan x dx=\sec^2 x+C$　　D. $\int a^x dx=\frac{1}{\ln a}a^x$

二、填空题（每题 4 分，共 20 分）

1. $y=\ln x+\frac{5}{\sqrt{1-x^2}}$ 的定义域是________.

2. 函数 $f(x)=(x-1)(3-x)$ 的单调减区间是________.

3. 设函数在点 $x=x_0$ 处可导，且 $f'(x_0)=1$，则 $\lim\limits_{h\to 0}\frac{f(x_0+h)-f(x_0-h)}{h}=$________.

4. $\int \cot x dx=$________.

5. 曲线 $y=e^x+\cos x$ 在点（0，2）处的切线方程为________.

三、计算与证明题（每小题 6 分，共 60 分）

1. 求 $\lim\limits_{x\to 0}\frac{\tan 2x}{x}$.

2. 求$\lim\limits_{x\to\infty}\dfrac{x^2+5x+2}{3x^2+2x-1}$.

3. 已知 $y=\ln(\sec x)$，求微分 $\mathrm{d}y$.

4. 函数 $y=y(x)$ 由 $2xy^3+x^2y-1=0$ 确定，求$\dfrac{\mathrm{d}y}{\mathrm{d}x}$.

5. 求不定积分$\displaystyle\int\frac{x^2}{1+x^2}\mathrm{d}x$.

6. 求不定积分$\displaystyle\int x\sin x\mathrm{d}x$.

7. 求定积分$\displaystyle\int_0^{\pi}(2x+\cos x+\mathrm{e}^{2x})\mathrm{d}x$.

8. 证明方程 $x^3-4x^2+1=0$ 在区间（0，1）内至少有一个根.

9. 证明不等式：当 $x>1$ 时，$2\sqrt{x}>3-\dfrac{1}{x}$.

10. 求函数 $f(x)=(x^2-1)^3+1$ 的极值.

期末考试模拟题 3

一、单项选择题（每小题 4 分，共 20 分）

1. $\lim\limits_{x\to\infty}\dfrac{\sin x}{x}$的极限是（　　）.

A. 0　　B. 1　　C. ∞　　D. 不存在

2. 曲线 $y=(x-1)^2+4$ 的减区间为（　　）.

A. $(-\infty, 1]$　　B. $[0, 1]$　　C. $[1, 2]$　　D. $(1, +\infty)$

3. 设 $f'(x_0)=1$，则$\lim\limits_{h\to 0}\dfrac{f(x_0-h)-f(x_0)}{h}$为（　　）.

A. 0　　B. 1　　C. -1　　D. 不存在

4. 若$\int f(x)\mathrm{d}x=\sin\dfrac{x}{2}+c$，则 $f(x)=$（　　）.

A. $\cos\dfrac{x}{2}+c$　　B. $\dfrac{1}{2}\cos\dfrac{x}{2}$　　C. $\dfrac{1}{2}\cos\dfrac{x}{2}+c$　　D. $\dfrac{1}{2}\sin\dfrac{x}{2}$

5. 设函数 $y=\begin{cases} \mathrm{e}^x & x<0 \\ a+x & x\geqslant 0 \end{cases}$ 在区间 $(-\infty, +\infty)$内连续，则 a 的值为（　　）.

A. 0　　B. -1　　C. -2　　D. 1

二、填空题（每题 4 分，共 20 分）

1. 函数 $y=\sqrt{4-x}+\ln\dfrac{1}{x}$的定义域为 ________.

2. $\lim\limits_{x\to\infty}\dfrac{5x+2}{2x^2-3x+2}=$ ________.

3. 设 $y=x^3\sqrt{x}$，则$\dfrac{\mathrm{d}y}{\mathrm{d}x}=$ ________.

4. $\left[\int f(x)\mathrm{d}x\right]'=$ ________.

5. $\int F'(x)\mathrm{d}x=$ ________.

三、计算与证明题（每小题 6 分，共 60 分）

1. 求$\lim\limits_{x\to 3}\dfrac{x^2-9}{x-3}$.

2. 求$\lim\limits_{x\to 0}\dfrac{\sin 2x}{\sin 5x}$.

3. 求 $\lim\limits_{x \to +\infty} \dfrac{\ln x}{x^2}$.

4. $\sin 2y = x - y$，求$\dfrac{\mathrm{d}y}{\mathrm{d}x}$

5. 设 $y = \mathrm{e}^{-x} \sin 2x$，求 y''.

6. 求 $\int \dfrac{1}{1+2x} \mathrm{d}x$.

7. 求 $\int x \cos x \mathrm{d}x$.

8. 求 $\int_0^{\frac{\pi}{2}} \sin x \cos^2 x \mathrm{d}x$.

9. 验证函数 $y = x\mathrm{e}^{-x}$满足关系式 $y'' + 2y' + y = 0$.

10. 证明：方程 $x^3 - x - 2 = 0$ 在区间（0，2）内至少有一个根.

期末考试模拟题 4

一、单项选择题（每小题 4 分，共 20 分）

1. $\lim\limits_{x\to\infty} x\sin\dfrac{1}{x}$的极限是（　　）.

A. 0　　B. 1　　C. ∞　　D. 不存在

2. 若 $f'(x)=\cos x$，则 $f(x)=$（　　）.

A. $\sin x$　　B. $\sin x+C$　　C. $\cos x$　　D. $\cos x+C$

3. 曲线 $y=-4x^2+8x-3$ 的增区间为（　　）.

A. $[1, +\infty)$　　B. $(-\infty, 0]$　　C. $(-\infty, 1]$　　D. $[0, +\infty)$

4. 若 $\int f(x)\mathrm{d}x=\sin^2 x+C$，则 $f(x)=$（　　）.

A. $\sin 2x+C$　　B. $\sin 2x$　　C. $2\sin x+C$　　D. $2\sin x$

5. 函数 $y=\dfrac{x^3-1}{(x+1)(x-1)}$的间断点是（　　）.

A. $x=-1$　　B. $x=1$

C. $x=-1$，$x=1$　　D. 无间断点

二、填空题（每小题 4 分，共 20 分）

1. 已知函数 $f(x)$ 的定义域为$[0, 1]$，则函数 $f(x-2)$ 的定义域为 ________.

2. $\lim\limits_{x\to\infty}\dfrac{x^2+5x}{2x^2+x+3}=$________.

3. 设 $y=\sin(3x-2)$，则 $y'=$________.

4. $\mathrm{d}\left[\int f(x)\mathrm{d}x\right]=$________.

5. $\int \mathrm{d}F(x)=$________.

三、计算与证明题（每小题 6 分，共 60 分）

1. 求$\lim\limits_{x\to 4}\dfrac{\sqrt{x}-2}{x-4}$.

2. 求$\lim\limits_{x\to\infty}\left(1+\dfrac{3}{x}\right)^x$.

3. 求 $\lim\limits_{x\to+\infty}\dfrac{x^2}{\mathrm{e}^x}$.

4. 求参数方程$\begin{cases} x=1-t^2 \\ y=t+t^3 \end{cases}$确定的函数 $y=y(x)$ 的导数.

5. 设 $y=\sin(2x+1)$，求$\dfrac{d^2y}{dx^2}$.

6. 求$\int \sin x\cos x dx$.

7. 求$\int xe^x dx$.

8. 求$\int_1^e \ln x dx$.

9. 求函数 $y=x^3-x^2-x+5$ 的增减区间及极值.

10. 已知 $f(x)$ 的一个原函数为 $\cos x$，求$\int xf'(x)dx$.

期末考试模拟题 5

一、单项选择题（每题 4 分，共 20 分）

1. 函数 $y=f(x)$ 在 $x=x_0$ 处可微是该函数 $y=f(x)$ 在 $x=x_0$ 处连续的（　　）条件.

A. 充分必要　　B. 充分非必要

C. 必要非充分　　D. 既不充分也不必要

2. $\lim\limits_{x\to 0}(1+2x)^{\frac{1}{x}}$ 的极限是（　　）.

A. e　　B. e^2　　C. 2e　　D. $\sqrt{e}$

3. $\left[\int_1^x f(t)dt\right]' =$（　　）.

A. $f(x)+c$　　B. $f(t)+c$　　C. $f(t)$　　D. $f(x)$

4. $\int_{-1}^{1} x^2 \sin x dx =$（　　）.

A. 1　　B. 2　　C. 0　　D. -1

5. 下列积分错误的是（　　）.

A. $\int x^3 dx = \frac{1}{4}x^4 + C$　　B. $\int \cos x dx = \sin x + C$

C. $\int x dx = x^2 + C$　　D. $\int e^x dx = e^x + C$

二、填空题（每题 4 分，共 20 分）

1. $f(x)=\sqrt{4-x^2}+\ln x$ 的定义域是________.

2. 函数 $f(x)=x^3-3x+3$ 的单调减区间是________.

3. 设函数在点 $x=x_0$ 处可导，且 $f'(x_0)=3$，则 $\lim\limits_{h\to 0}\frac{f(x_0+2h)-f(x_0-h)}{h}=$________.

4. $\int \frac{1}{x}dx =$________.

5. 函数曲线 $y=x^2+2x+3$ 经过（0，1）处的法线方程为________.

三、计算与证明题（每小题 6 分，共 60 分）

1. 求$\lim\limits_{x\to 0}\frac{\arctan x}{x}$.

2. 求$\lim\limits_{x\to 0}\dfrac{1-\cos x}{x^2}$.

3. $y=x^3\ln x$，求微分 $\mathrm{d}y$.

4. 已知$\begin{cases}x=\sin t\\ y=\cos t\end{cases}$，求$\dfrac{\mathrm{d}y}{\mathrm{d}x}$.

5. 求不定积分$\int\dfrac{2}{1+4x^2}\mathrm{d}x$.

6. 求不定积分$\int \mathrm{e}^x\sin x\mathrm{d}x$.

7. 求定积分$\int_0^{\pi}\tan 2x\mathrm{d}x$.

8. 证明不等式：当 $x>0$ 时，$\sqrt{1+x}<1+\dfrac{1}{2}x$.

9. 验证 $y=\mathrm{e}^x\sin x$ 满足关系式 $y''-2y'+2y=0$.

10. 求 $y=\dfrac{1}{x}$与直线 $y=x$ 及 $x=2$ 所围图形的面积.

上册参考答案

第 1 章

习题 1.1

1. $A\cup B=(-\infty,\ 1)\cup(3,\ +\infty)$，$A\cap B=[-5,\ -3)$，
   $A-B=(-\infty,\ -5)\cup(3,\ +\infty)$.

2. (1) $[0,\ +\infty)$； (2) $(-\infty,\ 0)\cup(0,\ 1]$；
   (3) $(-2,\ 0)\cup(0,\ 2)$； (4) $\mathbf{R}-\left\{\left(k+\frac{1}{2}\right)\pi-1 \mid k\in\mathbf{Z}\right\}$；
   (5) $[2,\ 4]$； (6) $(-\infty,\ 0)\cup(0,\ 3]$.

3. (1) 不是同一个函数，定义域不同； (2) 是同一个函数；
   (3) 是同一个函数； (4) 不是同一个函数，定义域不同.

4. $\varphi(-2)=-3$，$\varphi(2)=1$，$\varphi(-0.5)=\mathrm{e}^{-0.5}$，$\varphi(0)=1$，$\varphi(1)=0$.

5. (1) $(-\infty,\ 1]$ 上严格单调减少，$(1,\ +\infty)$ 上严格单调增加；
   (2) $(0,\ +\infty)$ 上严格单调增加.

6. 略.

7. (1) 偶函数； (2) 非奇非偶； (3) 奇函数；
   (4) 偶函数； (5) 奇函数； (6) 偶函数.

8. (1) 2π； (2) 不是周期函数； (3) π； (4) π.

9. (1) $y=\dfrac{1-x}{1+x}(x\neq-1)$； (2) $y=x^3+1(x\in\mathbf{R})$；
   (3) $y=\dfrac{1}{3}\arccos\dfrac{x}{2}(x\in[-2,\ 2])$； (4) $y=\mathrm{e}^{x-1}+2(x\in\mathbf{R})$.

10. (1) $y=\ln u$，$u=x+\sqrt{x^2-1}$； (2) $y=2\sin u$，$u=2x+1$；
    (3) $y=u^2$，$u=\ln v$，$v=\cos w$，$w=3x-1$； (4) $y=\mathrm{e}^u$，$u=\dfrac{x+1}{x-1}$.

11. $f(g(x))=2^{2x}$，$g(f(x))=2^{x^2}$.

习题 1.2

1. (1) 3； (2) 0； (3) $\frac{2}{3}$； (4) ∞；

(5) 1； (6) $\frac{1}{3}$； (7) 0； (8) $\frac{3}{2}$.

2. (1) ∞； (2) ∞.

习题 1.3

1. (1) 3； (2) $\frac{m}{n}$； (3) 2； (4) x； (5) 8.

2. (1) e^2； (2) e^2； (3) e^2； (4) $e^{-\frac{1}{2}}$； (5) $e^{\frac{x^2}{2}}$.

习题 1.4

1. (1) $f(x)$ 在 $(-\infty, 0)$ 与 $(0, +\infty)$ 内连续，$x=0$ 为第二类无穷间断点；

(2) $f(x)$ 在 $(-\infty, -1)$ 与 $(-1, +\infty)$ 内连续，$x=-1$ 为第一类跳跃间断点.

2. (1) $x=1$ 为可去间断点，补充定义为 $y=\begin{cases}\dfrac{x^2-1}{x^2-3x+2} & x\neq1, 2\\ -2 & x=1\end{cases}$，$x=2$ 为第二类无穷间断点；

(2) $x=0$ 和 $x=k\pi+\frac{\pi}{2}$ 为可去间断点，补充定义为 $y=\begin{cases}\dfrac{x}{\tan x} & x\neq0, k\pi+\dfrac{\pi}{2}\\ 1 & x=0\\ 0 & x=k\pi+\dfrac{\pi}{2}\end{cases}$，$x=k\pi(k\neq0)$ 为无穷间断点；

(3) $x=0$ 为振荡间断点；

(4) $x=0$ 为跳跃间断点；

(5) $x=1$ 为跳跃间断点.

习题 1.5

1. (1) 0； (2) $\frac{1}{2}$.

2. 提示：$f(x)=x^3-5x^2+1$ 在 $(0, 1)$ 上利用零点定理.

3. 提示：$F(x)=f(x)-f(x+a)$ 在 $[0,a]$ 上利用零点定理.

第2章

习题2.1

1. (1) $2f'(x_0)$；　　(2) $f'(x_0)$.
2. $f'(x)=-\sin x$
3. $x-ey=0$，$ex+y-e^2-1=0$.
4. 连续且可导.

习题2.2

1. (1) $4x^3-\dfrac{4}{x^3}-\dfrac{1}{2x\sqrt{x}}$；　　(2) $15x^2-2^x\ln 2+3e^x$；

 (3) $\dfrac{27}{2}x^{\frac{7}{2}}-\dfrac{3}{2}\sqrt{x}-\dfrac{1}{2x\sqrt{x}}$；　　(4) $2\sec^2 x+\sec x\cdot\tan x$；

 (5) $2x\sin x+x^2\cos x$；　　(6) $\cos 2x$；

 (7) $e^x(x-2)x^{-3}$；　　(8) $(x\cos x-\sin x)x^{-2}$；

 (9) 0；　　(10) $x\cos x(2\ln x+1)-x^2\ln x\sin x$.

2. (1) $\dfrac{\sqrt{3}-1}{2}$，0；　　(2) $1+\dfrac{\pi}{2}+\dfrac{\sqrt{2}}{4}$.

3. (1) $20x(2x^2+1)^4$；　　(2) $(2x-4)\sin(4x-x^2)$；

 (3) $-8xe^{-4x^2}$；　　(4) $\dfrac{x}{1+x^2}$；

 (5) $-\tan(x+1)$；　　(6) $\dfrac{|x|}{x^2\sqrt{x^2-1}}$；

 (7) $-\dfrac{x}{\sqrt{a^2-x^2}}$；　　(8) $2x\sec^2(x^2)$；

 (9) $\dfrac{1}{2\sqrt{x}(1-x)}$；　　(10) $\dfrac{e^{\arctan\sqrt{x}}}{2\sqrt{x}(1+x)}$；

 (11) $-\dfrac{1}{1+x^2}$；　　(12) $3\ln 2\cos 3x\cdot 2^{\sin 3x}$.

习题2.3

1. (1) $6x(5x^3+2)$；　　(2) $22+36x$；　　(3) $\dfrac{2x^2-1}{\sqrt{(x^2+1)^5}}$；

(4) $2xe^{x^2}(3+2x^2)$；　(5) $-2e^x\sin x$；　(6) $-\dfrac{x}{\sqrt{(1+x^2)^3}}$.

2. (1) 66；　(2) 0；　(3) -1；　(4) $2\arctan\dfrac{1}{a}+\dfrac{2a}{a^2+1}$.

4. (1) $2(f'(x))^2+2f(x)f''(x)$；

(2) $-2f''(x)\sin[2f(x)]-4[f'(x)]^2\cos[2f(x)]$.

习题 2.4

1. (1) $\dfrac{\cos(x+y)}{e^y-\cos(x+y)}$；　(2) $-\dfrac{y^2}{1+xy}$.

2. (1) $\dfrac{y^2-xy\ln y}{x^2-xy\ln x}$；　(2) $(\sin x)^{\cos x}(\cos x\cot x-\sin x\ln\sin x)$；

(3) $\dfrac{(2x+3)\sqrt[4]{x-6}}{\sqrt[3]{x+1}}\left[\dfrac{8}{2x+3}+\dfrac{1}{2(x-6)}-\dfrac{1}{3(x+1)}\right]$；

(4) $5x^4(a+3x)^2(a-2x)(a^2+2ax-12x^2)$.

3. (1) $\dfrac{\cos\theta-\theta\sin\theta}{1-\sin\theta-\theta\cos\theta}$；　(2) 1.

4. $y=-2(\sqrt{2}x-1)$.

习题 2.5

1. 当 $\Delta x=1$ 时，$\Delta y=18$，$dy=11$；当 $\Delta x=0.1$ 时，$\Delta y=1.161$，$dy=1.1$；
当 $\Delta x=0.01$ 时，$\Delta y=0.110601$，$dy=0.11$.

2. (1) $(\sin 2x+2x\cos 2x)dx$；　(2) $2xe^{2x}(1+x)dx$；

(3) $\dfrac{2\arctan x}{1+x^2}dx$；　(4) $\dfrac{2-\ln x}{2x\sqrt{x}}dx$.

3. (1) $\dfrac{e^x-y}{e^y+x}dx$；　(2) $-\dfrac{y^2+2xy}{x^2+2xy}dx$.

第3章

习题 3.1

1. (1) $\sqrt[3]{\dfrac{15}{4}}$；　(2) 3；(1，2)，(2，3)，(3，4).

（3）前者是后者的特殊情形，加 $f(a)=f(b)$ 即可.

（4）增量，导数.

（5）恒为0.

习题 3.2

1.（1）a；（2）∞；（3）3；（4）$\frac{2}{3}$；（5）$-\infty$；（6）1；（7）0；（8）$\frac{1}{2}$；

（9）$\frac{1}{2}$；（10）e.

习题 3.3

3.（1）在 $2\leqslant x<+\infty$ 上单调减少，在 $-\infty<x\leqslant 2$ 上单调增加；

（2）在 $(-\infty, 0)\cup(0, +\infty)$ 上单调增加；

（3）函数在 $(-\infty, 1]$ 上单调减少，在 $[1, +\infty)$ 上单调增加；

（4）函数在 $(-\infty, +\infty)$ 上单调减少.

习题 3.4

1.（1）极小值 $y(-1)=-2$；（2）极大值 $y(0)=-1$；

（3）极小值 $y(0)=1$；（4）极小值 $y\left(\frac{3}{2}\right)=-\frac{27}{16}$；

（5）极大值 $y(3)=108$，极小值 $y(5)=0$；

（6）极大值 $y(0)=0$，极小值 $y\left(\frac{2}{5}\right)=-\frac{3}{25}\sqrt[3]{20}$.

3.（1）$f(-3)=\frac{80}{9}$是最大值，$f(-1)=0$ 是最小值；

（2）$f(-2)=51$ 是最大值，$f(2)=34$ 是最小值.

4. $a=-2$，$b=-\frac{1}{2}$，取得极小值.

习题 3.5

1.（1）在 $(-\infty, +\infty)$ 内凹；

（2）在 $(0, +\infty)$ 内凹，在 $(-\infty, 0)$ 内凸；

（3）在 $(-\infty, +\infty)$ 内凹.

2.（1）凹区间 $(-\infty, 4)$，凸区间 $(4, +\infty)$，拐点 $(4, 2)$；

(2) 凹区间 $(-\infty, 0)$，$\left(\frac{2}{3}, +\infty\right)$，凸区间 $\left(0, \frac{2}{3}\right)$，拐点 $(0, 1)$，$\left(\frac{2}{3}, \frac{11}{27}\right)$；

(3) 凹区间 $(6, +\infty)$，凸区间 $(-\infty, -3)$，$(-3, 6)$，拐点$\left(6, \frac{11}{3}\right)$；

(4) 凹区间 $(-\infty, -1)$，$(1, +\infty)$，凸区间 $(-1, 1)$，拐点$(-1, e^{-\frac{1}{2}})$，$(1, e^{-\frac{1}{2}})$；

(5) 凸区间 $(-\infty, -1)$，$(1, +\infty)$，无拐点；

(6) 凹区间 $(2, +\infty)$，凸区间 $(-\infty, 2)$，拐点$\left(2, \frac{2}{e^2}\right)$.

3. $a=-\frac{2}{3}$，$b=\frac{9}{2}$.

习题 3.6

1. (1) $y=0$；　(2) $x=1$；　(3) $x=0$，$y=1$；　(4) $y=0$.

第 4 章

习题 4.1

1. (1) $\frac{2}{3}x^{\frac{3}{2}}+C$，$\frac{2}{3}x^{\frac{3}{2}}+C$，$\frac{2}{3}x^{\frac{3}{2}}+C$；

(2) $-e^{-x}+C$，$-e^{-x}+C$，$-e^{-x}+C$；

(3) $\ln(1+x^2)+C$，$\ln(1+x^2)+C$，$\ln(1+x^2)+C$；

(4) $3\ln 2 \cdot 2^{3x}$，$3\ln 2 \cdot 2^{3x}$；

(5) $-2\sin 2x$.

2. (1) $-\frac{1}{2}x^{-2}+C$；　(2) $\frac{2}{3}x^{\frac{3}{2}}-\ln x-2x^{-\frac{1}{2}}+C$；

(3) $-3x^{-\frac{1}{3}}+C$；　(4) $-2x^{-\frac{1}{2}}+C$；

(5) $\frac{1}{\ln 3-1}\left(\frac{3}{e}\right)^x+C$；　(6) $\tan x-\sec x+C$；

(7) $\frac{1}{2}\tan x+C$；　(8) $e^x-\frac{2^x}{e^x(\ln 2-1)}+C$；

(9) $\frac{-2}{x}-\arctan x+C$；　(10) $\frac{1}{\ln 3+1}(3e)^x+C$；

(11) $-\cot x-\tan x+C$；　　(12) $-2\cos x+C$.

习题 4.2

1. (1) $\frac{1}{a}$；　(2) $\frac{1}{4}$；　(3) $\frac{2}{3}$；　(4) $\frac{1}{2}$；　(5) $-\frac{1}{5}$；

(6) $-\frac{2}{3}$；　(7) $-\frac{1}{2}$；　(8) $\frac{1}{3}$；　(9) $-\frac{1}{12}$；　(10) -2.

2. (1) $\frac{1}{18}(3x-2)^6+C$；　　(2) $-\frac{1}{2}\cos x^2+C$；

(3) $\frac{1}{3}\ln|2+3t|+C$；　　(4) $-\frac{1}{22}(1-2x)^{11}+C$；

(5) $\frac{1}{2}\sin(2x-3)+C$；　　(6) $-\frac{1}{3}e^{-3x}+C$；

(7) $\ln|x^2-3x+1|+C$；　　(8) $\ln|\ln x|+C$；

(9) $\ln(1+e^x)+C$；　　(10) $\frac{1}{2}\arctan x^2+C$；

(11) $\frac{1}{2}\arcsin\frac{2}{3}x+C$；　　(12) $\sin x-\frac{1}{3}\sin^3 x+C$；

(13) $-\frac{1}{\arcsin x}+C$；　　(14) $-2\cos\sqrt{x}+C$.

3. (1) $\frac{2}{5}(x+1)^{\frac{5}{2}}-\frac{2}{3}(x+1)^{\frac{3}{2}}+C$；

(2) $\sqrt{2x}-\ln(1+\sqrt{2x})+C$；

(3) $\frac{5}{6}(x+1)^{\frac{6}{5}}+C$；

(4) $x-4\sqrt{x+1}+4\ln(1+\sqrt{x+1})+C$；

(5) $\frac{1}{2}\arcsin x-\frac{1}{2}x\sqrt{1-x^2}+C$；

(6) $\sqrt{x^2-9}-3\arccos\frac{3}{x}+C$.

习题 4.3

1. (1) $-x\cos x+\sin x+C$；

(2) $x(\ln x-1)+C$；

(3) $-xe^{-x}-e^{-x}+C$；

(4) $x\arcsin x+\sqrt{1-x^2}+C$；

(5) $\frac{1}{3}x^3\ln x-\frac{1}{9}x^3+C$.

2. (1) $\frac{1}{2}x^2\ln(x-1)-\frac{1}{4}x^2-\frac{1}{2}x-\frac{1}{2}\ln(x-1)+C$;

(2) $x^2\sin x+2x\cos x-2\sin x+C$;

(3) $\frac{x}{2}(\sin\ln x-\cos\ln x)+C$;

(4) $\frac{1}{2}x^2\arctan\sqrt{x}-\frac{1}{6}x\sqrt{x}+\frac{1}{2}\sqrt{x}-\frac{1}{2}\arctan\sqrt{x}+C$;

(5) $-\frac{1}{4}x\cos 2x+\frac{1}{8}\sin 2x+C$.

第 5 章

习题 5.1

1. (1) $\int_{-1}^{2}(x^2+1)\mathrm{d}x$;　　(2) $\int_0^{\pi}\sin x\mathrm{d}x$;

(3) $\int_0^4(t^2+3)\mathrm{d}t$;　　(4) $\int_0^2(2+5x)\mathrm{d}x$.

2. (1) $\frac{3}{2}$; (2) 1; (3) $\frac{\pi}{2}$; (4) 2.

4. (1) $\leqslant$; (2) $\geqslant$.

习题 5.2

1. $\varphi(0)=0$, $\varphi\left(\frac{\pi}{4}\right)=1-\frac{\sqrt{2}}{2}$, $\varphi'(0)=0$, $\varphi'\left(\frac{\pi}{4}\right)=\frac{\sqrt{2}}{2}$.

2. (1) 0;　　(2) $-\frac{8}{3}+\frac{10\sqrt{2}}{3}$;　　(3) $45\frac{1}{6}$;

(4) $\ln\frac{2}{3}$;　　(5) $\sqrt{2}-1$;　　(6) 2.

3. $\frac{5}{6}$.

4. (1) $\sqrt{1+x^2}$;　　(2) $\frac{2x}{1+x^8}$;　　(3) $-\mathrm{e}^{-x^2}$.

5. $\frac{1}{2}$.

习题 5.3

1.（1）0；（2）$\frac{1}{4}$；（3）$\frac{255}{2560}$；（4）$\ln 3$；（5）$\frac{\pi}{3}-\frac{\sqrt{3}}{8}$；（6）$\frac{19}{3}$；

（7）$2\ln 2-\ln 3$；（8）$\frac{9\pi}{4}$.

2.（1）0；（2）$\frac{8}{3}$.

习题 5.4

(1) $2\ln 2-1$；(2) 1；(3) $\frac{1}{4}(e^2+1)$；

(4) $\frac{1}{2}(e^{\frac{\pi}{2}}-1)$；(5) $\frac{\pi^2}{8}-1$；(6) $\frac{\pi}{2}-1$.

习题 5.5

1.（1）$\frac{1}{6}$；（2）$e^2+\frac{1}{e^2}-2$；（3）18；（4）$\frac{1}{6}$.

2.（1）$\frac{\pi}{3}$；（2）8π；（3）$\frac{32}{5}\pi$.

上册期末考试模拟题

期末考试模拟题 1

一、单项选择题

1. C　2. A　3. D　4. A　5. B

二、填空题

1.（0，3）　2. $\left[\frac{3}{2},+\infty\right)$　3. 8　4. $\frac{1}{\ln 3}3^x+C$　5. $y=x+1$

三、计算与证明题

1. 解：令 $t=\arcsin x$，则 $x=\sin t$，当 $x\to 0$ 时，$t\to 0$，则

$$\lim_{x\to 0}\frac{\arcsin x}{x}=\lim_{t\to 0}\frac{t}{\sin t}=1$$

2. 解：$\lim\limits_{x\to 0^+} x^2\ln x=\lim\limits_{x\to 0^+}\frac{\ln x}{\frac{1}{x^2}}=\lim\limits_{x\to 0^+}\frac{\frac{1}{x}}{-2x^{-3}}=\lim\limits_{x\to 0^+}\frac{x^2}{-2}=0$

3. 解：$y'=(e^{2x}\cos x)'=(e^{2x})'\cos x+e^{2x}(\cos x)'$

$=2e^{2x}\cos x-e^{2x}\sin x=e^{2x}(2\cos x-\sin x)$

$dy=y'dx=e^{2x}(2\cos x-\sin x)\ dx$

4. 解：$\dfrac{dy}{dx}=\dfrac{(2e^{t})'}{(3e^{-t})'}=\dfrac{2e^{t}}{-3e^{-t}}=-\dfrac{2}{3}e^{2t}$

5. 解：$\int\ln x dx = x\ln x-\int x d\ln x = x\ln x-\int x\dfrac{1}{x}dx = x\ln x-x+C$

6. 解：$\int\dfrac{1}{\sqrt{a^2-x^2}}dx=\int\dfrac{1}{a\sqrt{1-\left(\dfrac{x}{a}\right)^2}}dx=\int\dfrac{1}{\sqrt{1-\left(\dfrac{x}{a}\right)^2}}d\dfrac{x}{a}=\arcsin\dfrac{x}{a}+C$

7. 解：$\int_0^1\left(x^2+\sin x+\dfrac{1}{1+x^2}\right)dx=\int_0^1 x^2dx+\int_0^1\sin x dx+\int_0^1\dfrac{1}{1+x^2}dx$

$$=\frac{1}{3}x^3\Big|_0^1-\cos x\Big|_0^1+\arctan x\Big|_0^1=\frac{4}{3}-\cos 1+\frac{\pi}{4}$$

8. 证明：函数 $f(x)=x^5-3x-1$ 在闭区间$[1,2]$上连续，又 $f(1)=-3$，$f(2)=25$，根据零点定理，在（1，2）内至少存在一点 ξ 使得 $f(\xi)=0$. 即方程 $x^5-3x-1=0$ 在区间（1，2）内至少有一个根 ξ.

9. 证明：设 $f(t)=\ln(1+t)$，$f(t)$ 在$[0,x]$上满足拉格朗日中值定理的条件，根据定理，有

$$f(x)-f(0)=f'(\xi)(x-0),\ 0<\xi<x$$

由于 $f(0)=0$，$f'(t)=\dfrac{1}{1+t}$，上式即为：$f(x)=\dfrac{x}{1+\xi}$

又由 $0<\xi<x$，有$\dfrac{x}{1+x}<\dfrac{x}{1+\xi}<x$

即$\dfrac{x}{1+x}<\ln(1+x)<x$

10. 解：所求图形面积为

$$A=\int_0^1 x^2dx=\frac{1}{3}x^3\Big|_0^1=\frac{1}{3}$$

期末考试模拟题 2

一、单项选择题

1. A　2. C　3. D　4. A　5. B

二、填空题

1. (0，1)　2. $[2,+\infty)$　3. 2　4. $\ln|\sin x|+C$　5. $y=x+2$

三、计算与证明题

1. 解：$\lim\limits_{x\to 0}\frac{\tan 2x}{x}=2\lim\limits_{x\to 0}\frac{\tan 2x}{2x}=2$

2. 解：$\lim\limits_{x\to \infty}\frac{x^2+5x+2}{3x^2+2x-1}=\frac{1}{3}$

3. 解：$\mathrm{d}y=y'\mathrm{d}x=\left[\frac{1}{\sec x}(\sec x)'\right]\mathrm{d}x=\left[\frac{1}{\sec x}\sec x\tan x\right]\mathrm{d}x=\tan x\mathrm{d}x$

4. 解：在方程两边对 x 求导得 $2y^3+6xy^2y'+2xy+x^2y'=0$

于是，$\frac{\mathrm{d}y}{\mathrm{d}x}=\frac{-2xy-2y^3}{x^2+6xy^2}$.

5. 解：$\int\frac{x^2}{1+x^2}\mathrm{d}x=\int\left(1-\frac{1}{1+x^2}\right)\mathrm{d}x=x-\arctan x+C$

6. 解：$\int x\sin x\mathrm{d}x=-\int x\mathrm{d}\cos x$

$$=-x\cos x+\int\cos x\mathrm{d}x=\sin x-x\cos x+C$$

7. 解：$\int_0^{\pi}(2x+\cos x+\mathrm{e}^{2x})\mathrm{d}x=\left(x^2+\sin x+\frac{1}{2}\mathrm{e}^{2x}\right)\Big|_0^{\pi}$

$$=\pi^2+\frac{1}{2}(\mathrm{e}^{2\pi}-1)$$

8. 证明：函数 $f(x)=x^3-4x^2+1$ 在 $[0,1]$ 上连续，又 $f(0)=1$，$f(1)=-2$，根据零点定理，在 $(0,1)$ 内至少存在一点 ξ 使得 $f(\xi)=0$，即 $\xi^3-4\xi^2+1=0$. 即方程 $x^3-4x^2+1=0$ 在区间 $(0,1)$ 内至少有一个根 ξ.

9. 证明：令 $f(x)=2\sqrt{x}-\left(3-\frac{1}{x}\right)$，则 $f'(x)=\frac{1}{\sqrt{x}}-\frac{1}{x^2}=\frac{1}{x^2}(x\sqrt{x}-1)$.

因为当 $x>1$ 时，$f'(x)>0$，因此 $f(x)$ 在 $[1,+\infty)$ 上单调增加，从而当 $x>1$ 时，$f(x)>f(1)$. 由于 $f(1)=0$，故 $f(x)>f(1)=0$，即 $2\sqrt{x}>3-\frac{1}{x}$.

10. 解：$f'(x)=6x(x^2-1)^2$，$f''(x)=6(x^2-1)(5x^2-1)$

令 $f'(x)=0$，求得驻点 $x_1=-1$，$x_2=0$，$x_3=1$.

因 $f''(0)=6>0$，故 $f(x)$ 在 $x=0$ 处取得极小值，极小值为 $f(0)=0$.

因 $f''(-1)=f''(1)=0$，上述方法无法判别.

考察一阶导数 $f'(x)$ 在驻点 $x_1=-1$ 及 $x_3=1$ 左右邻近的符号：当 x 取 -1 左侧邻近的值时，$f'(x)<0$；当 x 取 -1 右侧邻近的值时，$f'(x)<0$ ；所以 $f(x)$ 在 $x=-1$ 处没有极值. 同理，$f(x)$ 在 $x=1$ 处也没有极值.

期末考试模拟题 3

一、单项选择题

1. A　2. A　3. C　4. B　5. D

二、填空题

1. (0, 4]　2. 0　3. $\frac{7}{2}x^{\frac{5}{2}}$　4. $f(x)$　5. $F(x)+C$

三、计算与证明题

1. 解：$\lim\limits_{x\to3}\frac{(x+3)(x-3)}{x-3}=6$

2. 解：$\lim\limits_{x\to0}\frac{\sin 2x}{2x}\frac{5x}{\sin 5x}\frac{2x}{5x}=\frac{2}{5}$

3. 解：$\lim\limits_{x\to+\infty}\frac{\ln x}{x^2}=\lim\limits_{x\to+\infty}\frac{\frac{1}{x}}{2x}=0$

4. 解：$2\cos(2y)y'=1-y'$

$\frac{\mathrm{d}y}{\mathrm{d}x}=\frac{1}{2\cos 2y+1}$

5. 解：$y'=\mathrm{e}^{-x}(2\cos 2x-\sin 2x)$

$y''=-\mathrm{e}^{-x}(4\cos 2x+3\sin 2x)$

6. 解：$\int\frac{1}{1+2x}\mathrm{d}x=\frac{1}{2}\int\frac{1}{1+2x}\mathrm{d}(1+2x)=\frac{1}{2}\ln|1+2x|+C$

7. 解：$\int x\cos x\mathrm{d}x=\int x\mathrm{d}\sin x$

$$=x\sin x-\int\sin x\mathrm{d}x=x\sin x+\cos x+C$$

8. 解：$\int_0^{\frac{\pi}{2}}\sin x\cos^2 x\mathrm{d}x=-\int_0^{\frac{\pi}{2}}\cos^2 x\mathrm{d}\cos x$

$$=-\frac{1}{3}\cos^3 x\Big|_0^{\frac{\pi}{2}}=\frac{1}{3}$$

9. 解：$y'=\mathrm{e}^{-x}-x\mathrm{e}^{-x}=\mathrm{e}^{-x}(1-x)$

$y''=-\mathrm{e}^{-x}-(1-x)\mathrm{e}^{-x}=\mathrm{e}^{-x}(x-2)$

$y''+2y'+y=(x-2)\mathrm{e}^{-x}+2(1-x)\mathrm{e}^{-x}+x\mathrm{e}^{-x}$

$=(x-2+2-2x+x)\mathrm{e}^{-x}$

$=0$

10. 证明：设函数 $f(x)=x^3-x-2$，则 $f(x)=x^3-x-2$ 在 [0, 2] 内连续.

因为 $f(0)=-2$，$f(2)=4$，则

$$f(0)\cdot f(2)<0$$

所以方程 $x^3-x-2=0$ 在区间（0，2）内至少有一个根.

期末考试模拟题 4

一、单项选择题

1. B　2. B　3. C　4. B　5. C

二、填空题

1. [2，3]　2. $\frac{1}{2}$　3. $3\cos(3x-2)$　4. $f(x)\mathrm{d}x$　5. $F(x)+C$

三、计算与证明题

1. 解：$\lim\limits_{x\to 2}\frac{\sqrt{x}-2}{x-4}=\lim\limits_{x\to 2}\frac{(\sqrt{x}-2)(\sqrt{x}+2)}{(x-4)(\sqrt{x}+2)}=\lim\limits_{x\to 2}\frac{x-4}{(x-4)(\sqrt{x}+2)}=\frac{1}{4}$

2. 解：$\lim\limits_{x\to\infty}\left(1+\frac{3}{x}\right)^x=\lim\limits_{x\to\infty}\left[\left(1+\frac{1}{\frac{x}{3}}\right)^{\frac{x}{3}}\right]^3=\mathrm{e}^3$

3. 解：$\lim\limits_{x\to+\infty}\frac{x^2}{\mathrm{e}^x}=\lim\limits_{x\to+\infty}\frac{2x}{\mathrm{e}^x}=\lim\limits_{x\to+\infty}\frac{2}{\mathrm{e}^x}=0$

4. 解：$y'=\frac{(t+t^3)'}{(1-t^2)'}=\frac{1+3t^2}{-2t}$

5. 解：$\frac{\mathrm{d}y}{\mathrm{d}x}=2\cos(2x+1)$，$\frac{\mathrm{d}^2y}{\mathrm{d}x^2}=-4\sin(2x+1)$

6. 解：$\int\sin x\cos x\mathrm{d}x=\int\sin x\mathrm{d}\sin x$

$$=\frac{1}{2}\sin^2x+C$$

7. 解：$\int x\mathrm{e}^x\mathrm{d}x=\int x\mathrm{d}\mathrm{e}^x$

$$=x\mathrm{e}^x-\int\mathrm{e}^x\mathrm{d}x=x\mathrm{e}^x-\mathrm{e}^x+C$$

8. 解：$\int_1^{\mathrm{e}}\ln x\mathrm{d}x=x\ln x\Big|_1^{\mathrm{e}}-\int_1^{\mathrm{e}}x\mathrm{d}(\ln x)$

$$=\mathrm{e}-\int_1^{\mathrm{e}}\mathrm{d}x=1$$

9. 解：$f'(x)=3x^2-2x-1=(3x+1)(x-1)$

$f''(x)=6x-2=2(3x-1)$

由 $f'(x)=0$ 得 $x=-\frac{1}{3}$ 或 $x=1$

由 $f''(x)=0$ 得 $x=\frac{1}{3}$

则单调减少区间为$\left[-\frac{1}{3}，1\right]$，单调增加区间为$\left(-\infty，-\frac{1}{3}\right]$，$[1，+\infty)$.

极小值为 $f(1)=4$，极大值为 $f\left(-\frac{1}{3}\right)=\frac{140}{27}$.

10. 解：$f(x)=-\sin x$，$\int f(x)\mathrm{d}x=\cos x$

$$\int xf'(x)\mathrm{d}x=\int x\mathrm{d}f(x)=xf(x)-\int f(x)\mathrm{d}x$$

$$=-x\sin x-\cos x+C$$

期末考试模拟题 5

一、单项选择题

1. B　2. B　3. D　4. C　5. C

二、填空题

1. $(0，2]$　2. $[-1，1]$　3. 9　4. $\ln|x|+C$　5. $y=2x+1$

三、计算与证明题

1. 解：令 $t=\arctan x$，则 $x=\tan t$，当 $x\to 0$ 时，$t\to 0$

则 $\lim\limits_{x\to 0}\frac{\arctan x}{x}=\lim\limits_{t\to 0}\frac{t}{\tan t}=1$

2. 解：$\lim\limits_{x\to 0}\frac{1-\cos x}{x^2}=\lim\limits_{x\to 0}\frac{\sin x}{2x}=\frac{1}{2}$

3. 解：$\mathrm{d}y=(x^3\ln x)'\mathrm{d}x=(3x^2\ln x+x^2)\mathrm{d}x=x^2(3\ln x+1)\mathrm{d}x$

4. 解：$\frac{\mathrm{d}y}{\mathrm{d}x}=\frac{(\cos t)'}{(\sin t)'}=\frac{-\sin t}{\cos t}=-\tan t$

5. 解：$\int\frac{2}{1+4x^2}\mathrm{d}x=\int\frac{1}{1+(2x)^2}\mathrm{d}(2x)=\arctan 2x+C$

6. 解：$\int \mathrm{e}^x\sin x\mathrm{d}x=\int\sin x\mathrm{d}\mathrm{e}^x=\mathrm{e}^x\sin x-\int\mathrm{e}^x\mathrm{d}\sin x$

$$=\mathrm{e}^x\sin x-\int\mathrm{e}^x\cos x\mathrm{d}x=\mathrm{e}^x\sin x-\int\cos x\mathrm{d}\mathrm{e}^x$$

$$=\mathrm{e}^x\sin x-\mathrm{e}^x\cos x+\int\mathrm{e}^x\mathrm{d}\cos x$$

$$= e^x \sin x - e^x \cos x - \int e^x \sin x dx$$

得：$\int e^x \sin x dx = \frac{1}{2} e^x (\sin x - \cos x)$

7. 解：$\int_0^\pi \tan 2x dx = \frac{1}{2}\int_0^\pi \tan 2x d(2x) = -\frac{1}{2}\int_0^\pi \frac{1}{\cos 2x} d(\cos 2x)$

$$= -\frac{1}{2}\ln|\cos 2x|\Big|_0^\pi = -\frac{1}{2}(\ln 1 - \ln 1) = 0$$

8. 证明：设函数 $f(x)=\sqrt{1+x}-1-\frac{1}{2}x$

$f'(x)=\frac{1}{2\sqrt{1+x}}-\frac{1}{2}<0$，$x>0$，所以，$f(x)$ 在 $[0, +\infty)$ 上单调减少.

所以　　$f(x)<f(0)=0$

即　　当 $x>0$ 时，$\sqrt{1+x}<1+\frac{1}{2}x$.

9. 证明：$y'=e^x \sin x+e^x \cos x$，$y''=2e^x \cos x$，代入关系式得

$$y''-2y'+2y=2e^x \cos x-2(e^x \sin x+e^x \cos x)+2e^x \sin x=0$$

10. 解：所求图形面积为

$$A=\int_1^2\left(x-\frac{1}{x}\right)dx=\left(\frac{1}{2}x^2-\ln x\right)\Big|_1^2=\frac{3}{2}-\ln 2$$

参考文献

[1] 吕端良，许曰才，边平勇. 高等数学［M］北京：北京交通大学出版社，2015.

[2] 同济大学数学系. 高等数学：上册［M］. 7 版. 北京：高等教育出版社，2014.

[3] 吴赣昌. 高等数学：理工类：上册［M］. 4 版. 北京：中国人民大学出版社，2011.

[4] 张弢，殷俊峰. 高等数学习题全解与学习指导：上册［M］. 北京：人民邮电出版社，2018.